怀孕、养胎、坐月子、育儿全程指导系列

快乐育儿经（0—1岁）

风靡网络的育儿专家
钧妈 著

青岛出版社
QINGDAO PUBLISHING HOUSE
国家一级出版社
全国百佳图书出版单位

图书在版编目（CIP）数据

快乐育儿经：0-1岁 / 钧妈著. —青岛：青岛出版社，2015.3
ISBN 978-7-5552-1780-0

Ⅰ. ①快… Ⅱ. ①钧… Ⅲ. ①婴幼儿—哺育 Ⅳ. ① TS976.31

中国版本图书馆CIP数据核字（2015）第051077号

书　　名　快乐育儿经（0-1岁）
作　　者　钧　妈
出版发行　青岛出版社
社　　址　青岛市海尔路182号（266061）
本社网址　http://www.qdpub.com
邮购电话　13335059110　0532-85814750（兼传真）　0532-68068026（兼传真）
责任编辑　江伟霞　陈纪荣　E-mail：cyyx2001@sohu.com
装帧设计　金　晓
照　　排　青岛双星华信印刷有限公司
印　　刷　青岛星球印刷有限公司
出版日期　2015年4月第1版　2015年4月第1次印刷
开　　本　16开（710mm×1000mm）
印　　张　18
字　　数　300千
书　　号　ISBN 978-7-5552-1780-0
定　　价　38.00元

编校质量、盗版监督服务电话　4006532017
青岛版图书售后如发现质量问题，请寄回青岛出版社出版印务部调换。
电话：0532-68068638

妈妈好评

我是一位非常认真的妈妈，从怀第一胎开始，我家的怀孕育儿书籍、杂志就有二十多本，没想到，孩子出生后还是手忙脚乱了一个月，于是上网搜寻妈咪们的经验，发现钧妈的博客就像一个藏宝库，各种宝宝疑难杂症几乎都可以在钧妈那找到答案，再加上书籍中的经验谈，让我顺利解决宝贝的各种问题！对于照顾孩子还找不到头绪吗？快来看看钧妈的快乐育儿经吧！

——小福星&小福气妈Maggie

我家小宝宝7个月了，要帮他调整作息、戒夜奶等，如果不是看了钧妈的文章，我绝对不会有这么清楚的概念。之前所谓亲密派和百岁派的书我都有看，有些地方一直没搞懂，直到读了钧妈的文章，两个晚上就搞懂了，顺利帮宝宝戒掉夜奶，训练宝宝自己入睡等。若非钧妈，我根本不知道要从何开始，谢谢！

——比利时的碧馨

感谢钧妈！我能踏上快乐的育儿旅途，可以说是钧妈的功劳。虽然我也买了许多育儿的书，看了数次，却还是得看钧妈的文章，我真的觉得她在育儿方面很有一套，她深知这一路跌跌撞撞会面临的问题……

——小Will的妈妈

每当我看到开心玩耍的小窗，心中就充满了对钧妈的深深感谢！小窗出生后，我奉行美国盛行的亲密育儿法，当起小儿科医生所谓的“人肉奶瓶”，不到3天就疲累到崩溃，在走投无路之下接触到钧妈的网站，为了全面了解钧妈的育儿内容，急电家人把《快乐育儿经（0–1岁）》快递寄来。书拿到后，立刻配合钧妈所写的内容，先观察宝宝的作息情况，然后开始实施规律的作息。黄昏的哭闹是我在实行百岁时遇到的第一个关卡，当时那本所谓的宝典并没有明确提到这个问题，害我一度以为百岁方法失败了，直到仔细读了钧妈的文章，才发现宝宝在黄昏时的哭闹其实也是百岁作息的一环。钧妈的文章提供了很多实战做法，配合不同的案例，各种育儿作息的疑难杂症几乎都可以在文章中找到答案。听说很多妈妈在培养宝宝作息时，都是看钧妈的文章度过最难过的时段，特别是在宝宝哭的时候，靠着钧妈的文章，告诉自己宝宝一定可以自己睡着。我就是其中之一，向钧妈表达我深深的谢意和敬佩。

——美国加州的小窗妈

我的小孩两个多月时，有一阵子无论是小睡或夜睡都几乎睡不熟，白天每几分钟起来一次，晚上则每小时起来一次。心急如焚，后来读到钧妈的方法，我就开始帮小孩调整睡眠方式（小孩之前都要一直咬奶嘴睡，我就一直帮他捡奶嘴……）。调整了3天，有明显的改善，每次几乎可以熟睡至少半小时以上，晚上甚至连半夜的夜奶都已经延到近天亮，改变很多，不过才几天而已。总之我真的太感谢钧妈了。

——Selina Chen

有句话说得好“孩子来的时候并没有附上说明书”，幸好有钧妈，让我这位新手妈妈有所依循，尤其生活作息部分更是彻夜研究。每当小孩有新状况无法处理时，我都会在钧妈的文章中寻找答案！感谢钧妈，我才能在育儿过程中不至于跌跌撞撞，这本书不但陪伴我的孩子成长，也陪伴我这个新手妈妈成长。

——已经有两个宝贝的妈妈Zora Lu

在我家宝宝两个月的时候，读到钧妈的文章，如获至宝，真是拯救了我，我跟我的宝宝们的作息可以规律了。

——团团仔仔的妈

谢谢钧妈分享了这么棒的经验，我是自己带小孩的新手妈妈，常觉得育儿的方式不正确，却又不知道怎么更正，钧妈让我看到了曙光……

——Pigstarwen

谢谢钧妈的无私分享，宝宝在6个月20天时改三餐并断奶成功了！我喜极而泣，能如此顺利都要归功于钧妈，让我们这些新手妈妈在手足无措、疲劳轰炸下抓到救生圈，真的谢谢！

——Supersenora

读到钧妈的文章后，觉得育儿不再是茫、忙、盲，可以一步步跟着钧妈的指导来照顾宝宝。

——方蓝莓

感谢钧妈，让我受益良多！我是一个双胞胎妈妈，一开始真的很受折磨。但看了钧妈的文章后，改变、固定双胞胎的作息，问题才得以解决！

——Twins

“结婚生子”对每个女人来说，是非常重要的里程碑。面对一个刚来到世界，除了吃、睡以外便是哭闹的小宝宝，身为新手妈妈的我真是心力交瘁，但亲友提供的意见又不见得适用于每个个性不同的宝宝，上网搜寻资料又十分费时，如果有本育儿秘籍放在身边随时查阅，妈咪就能轻松快乐地度过每一天了！感谢钧妈，从此宝宝就能一觉到天亮，父母也能安心睡好觉了！

——啾妈

市面上有许多育儿书，内容详尽却不够亲切。钧妈这本育儿经，不仅丰富实用、贴近妈妈心，更不会有文化隔阂与落差，让我们可以轻松带好宝宝，做个快乐妈咪！

——台北的顺妈

目录

推荐序：本书是妈妈的一颗定心丸　许登钦　015

前　言：给新手妈妈的掏心话　017

第一章　怀孕时的准备

1 妈妈必备用品　025

待产包　025

喂母乳、坐月子的用品　027

2 宝宝必备用品　031

哺喂用品篇　031

衣着用品篇　034

清洁用品篇　037

卫生和沐浴用品篇　040

寝具用品篇　041

外出用品篇　045

其他物品篇　046

第二章 迎接新生儿，作息大作战

1 出生的第 1 个月 051

4 个注意事项 051

坐月子常犯的错误 053

睡姿的选择——仰睡、侧睡、趴睡 054

预防婴儿猝死症 060

喂奶的学问 061

如何为宝宝洗香香 063

2 如何让宝宝规律作息 066

0~3 个月规划作息与调整要点 066

【步骤 1】划分日夜 068

【步骤 2】决定第一餐 069

【步骤 3】白天就是饮食、清醒、小睡三事 072

【步骤 4】晚上喝奶和睡觉 075

【步骤 5】预留延长睡眠的夜晚时间 076

【步骤 6】养成记录宝宝状况的习惯 078

3 规律作息应该具备的观念 082

【观念 1】为什么要制订作息表 082

【观念 2】习惯是可以养成的 083

规律作息的常见错误 084
宝宝常见的 3 种哭闹 086
10 个新手父母的常见问题 089

第三章 0~3 个月：带宝宝融入家庭生活

1 如何教 0~3 个月的宝宝好好睡觉 097
让宝宝睡好的 5 个步骤 097
让宝宝睡好觉的几个常见错误 101
10 个宝宝睡觉的常见问题 104

2 自行入睡的理论与观念 108
了解睡眠理论 109
必须俱备的 8 个观念 110
6 个月前教孩子自行入睡的优点与缺点 117
哄睡和婴幼儿睡眠减少的关系 118

3 戒夜奶：让宝宝睡过夜 120
戒夜奶的 9 个准备 120
戒夜奶的方法 123
宝宝发出睡过夜的信息——可以戒夜奶了 129
错误的戒夜奶方式 130

睡眠对宝宝的重要性 131
13 个戒夜奶的常见问题 132
4 延长夜间睡眠 136
延长睡眠的事前准备 136
延长睡眠的方法 137
3 个延长睡眠的常见问题 143

第四章 3~6 个月：享受快乐育儿生活
1 3~6 个月的作息规划与调整 147
本阶段调整重点 147
常见的意外状况 153
10 个调整作息的常见问题 156
2 开始吃副食品 159
需要准备的几项法宝 159
何时可以开始喂副食品 162
副食品食材顺序四步 164
胀气、腹泻怎么办 166
吃副食品要注意的事 167
食物泥的制作方法 169

10 个关于副食品的常见问题 170

3 带宝宝外出 174

外出时的吃 174

外出时的作息 176

外出时的睡 176

外出时该怎么坐车 177

两个带宝宝出门的问题 178

第五章 6~9 个月：教养从现在开始

1 6~9 个月的作息调整 183

本阶段调整重点 183

本阶段需要注意的教养问题 192

两个调整作息的常见问题 197

2 厌食或厌奶——不吃该怎么办 198

食物泥的问题 198

身体的因素 201

10 个厌食常见问题 203

3 日常生活的教养 207

开始学习手语　207
生活该有界线　208
餐桌上发生的问题　211
学习独玩 3 步骤　213
游戏床时间是否必要　215
帮助宝宝度过分离焦虑期　216
关于日常生活教养的 5 个问题　218

第六章　9~12 个月：多活动，多消耗体力

1　9~12 个月的作息调整　223
本阶段调整重点　223
分房或分床　226
4 个调整作息的常见问题　230

2　如何转换宝宝的食物形态　234
该吃食物泥还是粥　235
养壮的重点　236
不会变胖的两个饮食方式　238
拒绝副食品的原因　239
10 个食物转换方式的问题　240

3 煮粥的开始 244

让粥美味的 6 种做法 244

煮粥不难，教你两种煮法 248

煮粥要注意的问题 250

独家好粥——钧妈拿手粥食谱 251

4 较大月龄的睡眠训练 253

如何教孩子累了就能睡 254

自行入睡的两个方法 255

较大月龄睡眠上的两个常见问题 257

5 9~12 个月的教养 259

婴儿教养的 3 个迷思 259

3 种不同个性的教导方式 260

妈妈要学习深呼吸 261

教养要一致、坚持到底 262

教养上的常见问题 266

第七章 不论“百岁”或“亲密”，都不能盲从

1 该选择百岁育儿还是亲密育儿 269

所谓百岁育儿——优点与陷阱 269

所谓亲密育儿——优点与陷阱 272

找出更适合你的育儿法 276

2 养出白白胖胖的孩子 277

副食品和奶的比例怎么拿捏 277

奶嘴、乳房、手指，要吸哪个 279

吸奶嘴、吸乳房、吸手指，如何戒 282

3 钧1岁前的作息表 284

推荐序

本书是妈妈的一颗定心丸

许登钦（恩主公医院小儿科主治医师）

身为小儿科医师，在医院时常看到新手父母对孩子“爱之深，忧之切”的辛苦和焦虑。每个孩子都是爸妈的宝贝，每个父母也都是从有了孩子之后才开始学习当父母，在这个过程中因为有太多不确定感，还有太多责任感，使得父母总是加诸给自己很多压力。特别是妈妈，往往为了孩子而牺牲，为了照顾孩子不眠不休，忽视自己的健康，不管自己的形象，全心全意把生命奉献给孩子。可见母爱之伟大！

在与孩子这样的磨合过程中，有的妈妈会甘之如饴，有的妈妈却是加深了自己的忧郁。其实，新手妈妈不必这么辛苦摸索，本书提供了一套方法，使你很快就能在错综复杂的育儿道路上找到方向，还能让你在每天乱七八糟的育儿生活里轻易地得到快乐。

这本书我读了又读，从字里行间看到钧妈的热情和用心：由于疼惜新手妈妈的辛苦，掏心掏肺地分享了养育钧的点点滴滴，详细地告诉妈妈照顾宝宝所要知道的大小事宜。更棒的是，书中还包括很多重要的医学理论，让读者明白每个建议都有医学根据。所以，这不只是一本经验传承的育儿书，更是一本学问精深的医学书。

本书让我最感动的是：综合了“亲密育儿法”、“百岁育儿法”，再加上自己的切身经验，融合成为“妈妈万岁育儿法”！我愈读愈有滋味，欲罢不能，而且获益良多。例如新生儿的睡眠周期：怎么样帮助宝宝自然入睡，怎么样调整作息才能让妈妈轻松、宝宝健康。你一定能在书里发现经常碰到又找不到答案的问题，例如：不知道孩子的睡眠到底够不够，只知道自己永远无法得到足够的休息；婴儿哭时如何靠不同的哭声判断宝宝的需求，适度满足宝宝让其得到安全感却不会形成依赖。还有，你将会碰到却无从问起而深深困扰的问题，例如：夜奶怎么戒？奶和副食品怎么分配？连要吃什么副食品钧妈也帮你准备好了答案。此外，再大一点的教养问题，例如：正确的教养态度、体会孩子的想法、寻找孩子哭闹背后真正的原因、在当下控制场面的秘诀，以及怎样陪孩子玩出智慧、玩出脑力，促进宝宝的各项发展……还有很多很多你读了会激动地说“对！我想要知道的就是这个”的内容。你一定很需要这本书，而且会很喜欢这本书！

只有曾经用心照顾小孩的母亲才写得出来这样细腻又体贴的书，新手妈妈很难找到一本这样的育儿秘籍，这就是一本“婴儿养育说明书”。虽然每个宝宝有自己的特质、成长的个别差异，但在你手忙脚乱时，这本书是一颗定心丸。你可以跟着钧妈做，或从钧妈的经验中得到同理心与安慰。在钧妈的细细引导中，在你未知的领域，探索出你与你的宝宝独特的相处模式。

我与钧妈相识多年，看到钧在妈妈的照顾之下长得非常健康，各方面发展都很优秀，情绪也很稳定。钧妈很热心地要与大家分享她的成功经验，我觉得钧妈的快乐育儿经真的值得新手妈妈细细品读与学习！

智慧是无价的。我很开心看到这么棒的作品，也很荣幸能把这一本好书推荐给你。我相信你读了之后一定会紧紧抱住它，然后做个快乐的妈妈！

前言

给新手妈妈的掏心话

每个女人都是因为生了孩子，才开始学习，蜕变成母亲。但是每个新手妈妈都会有一个念头：我这样做到底对不对？

让宝宝哭会不会造成宝宝心灵受伤？

这样做到底对不对？我会不会都做错了？

一直抱着小宝宝，每晚哄睡才是给宝宝爱吗？

是不是只要辛苦忍耐，再过几个月就会好带一点？

我有没有为了方便，养出没有安全感、个性扭曲的孩子？

妈妈快乐，孩子才快乐

只要是新手妈妈，在信息发达的今天，你一定听说过“亲密育儿”和“百岁育儿”这两种育儿方法。现代人生得少，不能做错的压力总在心中徘徊不去，经常手足无措，害怕选错育儿法伤害到孩子。

当女人成为母亲时，跟孩子无论是因相处产生爱，或是“一见钟情”，可以肯定的是，细心照顾宝宝是天生的母爱。我的孩子钧生病时我可以整夜不睡地照顾他，担心他的病情，因为爱他，愿意为他牺牲一切。我深深疼爱着钧，程度无法用言语形容。相信每位母亲也是如此疼爱自己的孩子。

宝宝出生回到家里后，就好比新的房客入住，家人们必须跟这位新生儿磨合；偏偏新生儿不会说话，只会用哭来表达，哭是婴儿唯一的语言，况且宝宝刚离开妈妈子宫，我们必须教他重新适应新的环境。母亲与孩子一定会有一段磨合期，一般人都会要求母亲必须为孩子牺牲，包括心情、体力等等，就算没有这些外来的压力，当妈的也会自动为孩子牺牲很多，如果还不顾自己的身体，势必会超出负荷。妈妈要学会活出自己，家庭和亲子间的关系才会和谐。请记住一句话：有快乐的妈妈，才有身心健康的孩子。

育儿是有妙招的

多数的新手妈妈在第一次带宝宝时，常常神经兮兮，宝宝一吐奶就立刻冲到医院、啼哭不止就以为受到了惊吓，觉得自己的宝宝很难带。如果育儿是有方法的，那么如何才能带好宝宝呢?

首先，最重要的方法就是：放轻松。请相信母性的直觉，在第一年引导宝宝融入家庭生活，培养安稳的睡眠、良好的作息、正确的饮食习惯。

以我为例：钧出生不到 3 个月，就养成了我们家特有的睡眠习惯，上床就是睡觉，这个习惯到今天都没有改变。钧也很习惯唱完歌就上床睡觉。

另外，请告诉自己：你有犯错的空间。比如，当你不经意抱着孩子睡着了时，不需要担心宝宝以后都会习惯抱着睡。因为习惯是长久养成的，不会因为今天这样的举动就改变宝宝长久以来的习惯。也不用害怕选错育儿法，只要找出属于你和宝宝的生活模式就好。

你可能会把宝宝当成你的学生，想教他习惯这个家的作息（帮宝宝制订作息）。当然，就算你什么都不做，宝宝也会开始形成自己的作息，只是这样母子俩的磨合期比较长、比较乱，且不一定是你能接受的（比方说日夜颠倒），所以我建议采用母亲引导方式：白天让宝宝在固定时间喝奶、玩耍一段时间、白天有数段小睡、晚上有个长时间的睡眠。

让宝宝哭并非就表示不爱他，不让宝宝哭也并非就表示溺爱他，而是要从宝宝的哭声判断该怎么处理。

同样的，身为母亲，要了解怎么做对孩子最好，你是用爱在养育，用爱在引导宝宝养成安稳的睡眠、饮食、日常生活习惯。

安全感也是由这样的稳定环境和稳定习惯建立起来的（不断改变宝宝的习惯才是宝宝不安全感的来源），除此之外，每天陪着宝宝玩、陪着宝宝读书、陪着宝宝熟悉环境，等过了婴儿时期后，还必须时时注意孩子的言行是否有偏差。事实上，第一年只是个开端，真正重要的是后面的教养过程，身为母亲都很清楚，将孩子带大，根本不可能用让他哭或不让他哭一以贯之，中间的细节还有很多，从一开始习惯的养成到后面的教养，母亲都必须付出大量的爱与耐心，母子间的亲密关系也是由此培养的，这是一辈子的依附关系。

把他人累积的经验变成自己的妈妈经

新手妈妈单靠自己摸索是很辛苦的，长辈的经验不一定适合自己，我的婆婆曾经跟我说她生完孩子就立刻背着小孩下田工作！

初为人母的辛酸，在我生钧时就已经深刻体验到。只要一听到钧哭就立刻喂奶，但是钧每小时都哭着要奶，半夜一直哭闹不睡，最后更是完全黏在我身上，而且一定要一直抱着才愿意睡。坐月子期间睡眠质量本来就不好，白天无法入睡，晚上又不能睡，每晚才睡几十分钟，最后我不仅得了产后忧郁症，更几近精神崩溃，每次先生回到家都看到小孩在哭、妈妈也在哭。我也因为过于劳累，一整天都吃不下东西。我曾想过要托给婆婆照顾四小时，此时小姑责备我：自己的小孩要自己照顾！这句话让我体会到，孩子除了自己和先生之外，就没有人可以帮忙了。夜晚抱着钧一直到天亮，我不相信带孩子要这么辛苦，从此我看了数十本的育儿书，上网看了一千多篇的育儿问卷，一边记录钧的状况，终于找到自己的方法，慢慢也发现妈妈在育儿时都会遇到共同的问题与难题，我渐渐将这些方法记录下来，希望能帮助更多的新手妈妈免于重新摸索。这本书中记录的不只是我的育儿法，也是适合所有母亲的育儿法。

台湾地区的新手妈妈常会买很多育儿书，期望从中找到轻松带孩子的方法，然而带着新生儿的你，恢复体力都来不及，根本无法确定哪本书中的哪个方法适合你和你的宝宝（除非你不需要喂奶和带小婴儿，完全专心看书，不然要看完目前书市上所有的育儿书是很难的），多数新手妈妈必须用零碎时间囫囵吞枣地看，很容易就会误解书中的内容。浏览网上的育儿文章会遇到的困难是：你不知道这些方法能不能实行。举例：我也曾误信网上说泡浓奶能让宝宝睡过夜，结果害得钧拉肚子。台湾地区很多新手妈妈带新生儿就像在做实验一样不断测试，过着混乱的育儿生活。

多数人误以为“百岁”就是狠心让婴儿自己哭，“亲密”就是一哭就抱和马上喂奶、一定要喂夜奶，这些观念是错误的。其实这两种育儿方法有相同也有不同之处，都有可取的部分。举例来说：“百岁”是新生儿出生后由妈妈观察宝宝状况主动制订作息，让宝宝习惯作息；“亲密”是按照宝宝需求，慢慢帮宝宝固定晚上上床睡觉时间（固定晚上上床时间后，白天作息也会跟着稳定，每天都有大致相同的规律作息）。

自行入睡、睡过夜、规律作息等，很多外国育儿专家均有主张，只是在台湾地区，妈妈们会将这些理论全部归给百岁。事实上，百岁和亲密进入台湾后，都经过妈妈们改良成更适合自己的育儿方法，不再是原先的百岁或亲密育儿法，所以你不需要全部接受，而是要选择适合自己的方法。这本书不仅结合两派之长，同时还有我自己和百万妈妈的经验融合而成的万岁育儿法，你将不会再为育儿所苦，能快速找到适合自己的方法。

这本书按月龄，详细说明自行入睡、规律作息、睡过夜、每个月龄的睡眠时间、会发生的常见问题、六个月后该如何带宝宝睡觉、副食品制作和教养，是本非常详尽的育儿书，让你能够按月龄看，一本书全部搞定，轻松当个称职的妈妈。

在育儿的路上，我要特别感谢恩主公医院的许登钦医师，钧从小生病都是找他看诊，多次急诊遇到许医师值班，都让我特别安心。许医师总是愿意提供专业的意见，又能尊重母亲的想法，本书能得到他写的序，由衷地感谢。

此书得以出版，还要感谢张桂玲护理长审订哺乳部分，以及杨浚光医师、苏怡宁医师、江桂香小姐的推荐。更要感谢多年来喜欢我文章的妈妈们，无论是默默阅读还是来信询问分享，有些甚至成了我现实中的朋友，陪着钧一路成长，在此致上深深的谢意。

育儿应该是件快乐、有成就的事情，看着宝宝逐渐长大，当他开口喊妈妈时，那种感动是无法言喻的。但是也不能忽略丈夫、家人，感情交流是家庭的维系之道，能够兼顾才是最重要的。

每晚在钧上床睡觉后，我会与先生聊天、培养感情，白天也能在钧小睡时做家事、洗澡、写文章，在钧清醒时专心陪他玩。

轻松带孩子绝对有方法，轻松照顾家庭也办得到，先让自己快乐才能照顾出身心健康的孩子，共勉之。

第一章

怀孕时的准备

1 妈妈必备用品

恭喜你肚子里有了新的生命，心中一定有很多期待和欣喜，除了关心宝宝在肚子里的健康状况，你也一定会很积极地购买婴儿用品，想照顾好宝宝，当然怀孕时就可以开始慢慢准备婴儿用品了。

认真来说，宝宝出生后状况不少，很多物品都可以等宝宝出生后再添购，未出生前只要买一些基本的就好。跟亲朋好友搜集二手的婴儿用品更省钱，待宝宝出生后，再按需求多利用网络购买所需物品。

有快乐的妈妈才有身心健全的宝宝，先从妈妈照顾自己的物品开始介绍。这类用品非常多(目前相关厂商还在不停地研发),我仅就个人经验分享。

待产包

我是自然生产，因为个性糊涂，钧又出生得很晚（接近三十九周加五天才出生），当时待产包准备得很仓促，就在医院买的。我以过来人的经验告诉新手妈妈，能自己准备最好自己准备，像盥洗用品（牙膏、牙刷、脸盆一套在医院购买花费不少）等。

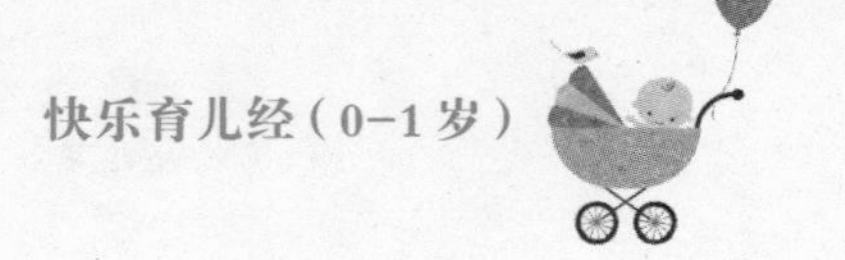

待产包大致可以分三大类：

一、证件类

身份证、医保卡、妈妈手册、钱、提款卡、信用卡。住院需要证件，如果是自然产住 3 天费用较低，如果是剖宫产住院一星期，费用约 9000~10000 元，如果宝宝出现需观察的病症，就需要住到加护病房，住院费用相对很高。钧出生时，因为住进加护病房，单是婴儿的费用就要两万多。

无痛分娩在有些医院需要花费 6000~8000 元，有些医院因为鼓励自然产，无痛分娩则是免费。

二、产妇用品

出院时要穿的衣服、帽子、袜子、外套；住院时要用的拖鞋、束腹带、免洗裤（3~5 包）、卫生纸、毛巾、牙膏、牙刷、洗脸盆、洗面乳、肥皂、产妇卫生棉 / 产褥垫、看护垫、眼镜和眼镜盒。

生产前，最好先询问医院有哪些物品是免费提供的，像三峡恩主公医院，产妇哺乳用医院服、生理冲洗器（自然产上厕所冲洗用）、痔疮坐垫（自然产生产的伤口没有愈合前，垫在马桶上用）、哺乳 U 型枕、热水壶等都会提供。

三、宝宝用品和其他用品

宝宝出院用的衣物、抱被、集乳袋、NB 尿布一包。记得要携带一些自己的日常生活用品，像手机、充电器、相机、录影机（宝宝生产时请爸爸拍）、电池。

喂母乳、坐月子的用品

如果你确定要喂母乳，可以先买哺乳睡衣或内衣、羊脂膏、溢乳垫、集乳袋、挤乳器、免洗内裤、束腹带、塑身衣、卫生棉或产褥垫和看护垫。

一、哺乳睡衣或内衣

也许你会说干吗买这个？照顾新生儿又忙又累，连吃饭时间都没有。哺乳睡衣、内衣的设计是有个开口让你轻轻一掀就能喂母乳，哺乳内衣还有可以放置和更替溢乳垫的设计，不必担心母乳溢出弄得满衣服都是。我是在家坐月子，因为足不出户，几乎都是穿哺乳睡衣及内衣，非常方便。

网上卖的哺乳睡衣和内衣材质、设计都比较差，没用多久就开始掉线，优点是比较便宜，沾到奶渍也不会心疼，而且哺乳睡衣的尺寸都比较大，就算现在已经不用喂母乳了，还是可以继续拿来当睡衣穿。

二、羊脂膏

新生儿一天喂奶次数约 6~8 次，每次都要喝上 1 小时，很容易造成乳头红肿、脱皮、干燥，就算是挤出来瓶喂，根据我用电动挤奶器的经验，机器吸力很大，比亲喂宝宝更痛、更红肿。羊脂膏在这时候就派上用场了，一天至少要擦一次。

三、溢乳垫

喂母乳最伤脑筋的就是乳汁会趁你不注意时，一滴滴渗透到衣服中，奶

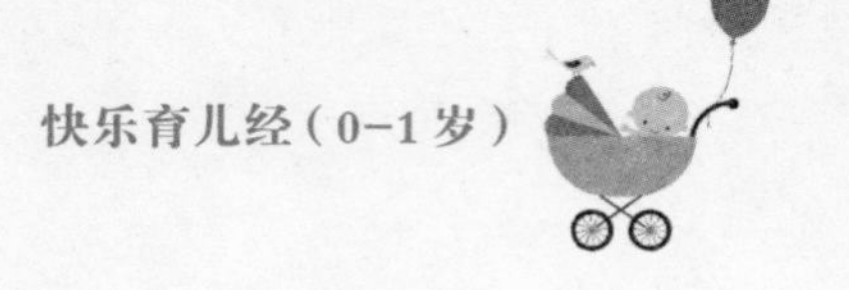

渍很难洗掉，这时候溢乳垫就能帮你吸收溢出来的乳汁。溢乳垫在背面有双面胶，你可以黏在衣服上，记得买背面有两条双面胶的，只有一条很容易脱落，搭配上哺乳内衣就更好了，就算溢乳垫湿透到内衣中，立即就能换掉内衣，不怕沾到外衣上。

这些物品用量很大，可以多买不同的品牌，一直换到你喜欢用的为止。

四、集乳袋／储存瓶

冰存母乳用，你可以直接买150或240毫升的，如果最后真的用不上或用不完，也能拿来装食物泥冷冻。记得刚挤出来的温热母乳不要跟前一次挤出来、放在冷藏的母乳混在一起，一定要等两份奶冷藏到相同温度后才能混在一起冷冻。装在集乳袋或储存瓶里时不要装满，冷冻过的母乳会膨胀，预留空间才能避免挤破袋子。冷冻母乳可以前一天先拿出来（24小时内使用完毕），隔天温给宝宝喝，切记回温或退冰后的母乳就不能再拿回去冷冻。

五、挤奶器

不管你要不要亲自喂母乳，租或买一台挤奶器都是必需的，奶水挤出来可以让你在休息时请家人帮你喂奶。挤奶器分电动和手动两种，电动的又分单边和双边两种，在你休息时间不够用的坐月子期间，建议选择电动式的会更轻松。

钧妈碎碎念

听说手动的可以挤得比较干净，可惜我坐月子期间实在太累，宁愿选电动的自动挤奶。

六、免洗内裤

刚生产完，虽然内裤里可以垫看护垫或卫生棉，还是很容易沾到血，而且整天要不停地照顾小孩，换尿布、胀奶挤奶、奶腺不通，又要坐月子，连吃饭时间都嫌不够，千万不要花时间去洗沾到血的内裤，全部用免洗裤，省事又方便。

在选择时，要选产妇用的或大尺寸的，刚生完宝宝的第一个月，屁股和肚子不会立刻缩小。

七、束腹带及塑身衣

生产完后，小腹还是很大，子宫没有缩小，需要束腹带及塑身衣。推荐用传统的缠绕式束腹带（像宽版纱布）把腹部缠紧后，再穿上束腹带或塑身衣，这样能防止内脏下坠，我最后悔的一件事就是坐月子时觉得束腹带很热就不愿意缠，结果现在小腹还是突出。

八、卫生棉／产褥垫和看护垫

月子期间，恶露会不断排出，人也会不断流汗，必须不停更换产褥垫，等血量渐渐减少后先换夜用卫生棉，血更少后再换成日用型。看护垫是垫在床铺上的，防止血渗出来时弄脏床铺。

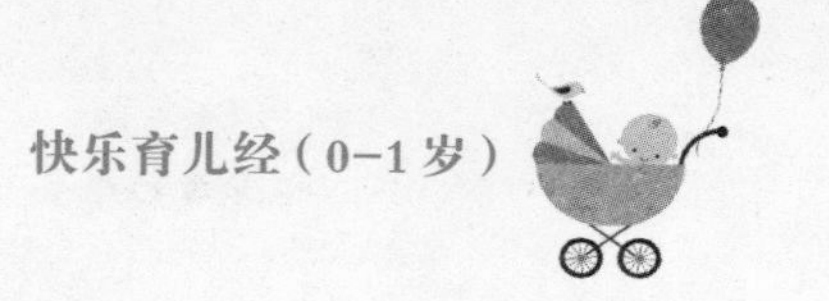

【不需要买的物品】

⊙干洗发剂：坐月子期间还是能洗头的，注意保暖和吹干头发就好，干洗发剂会让你有种头发没洗干净的感觉，是目前众多妈妈认为不需要买的第一样物品。

⊙乳头保护套：除非你的乳头内凹，不然不需要。

当妈妈后，你一定会满心欢喜地拼命逛街，在网上买宝宝的玩具、衣服、用品，像我有个朋友发现怀了女儿后，每周都要买上万元的宝宝衣服，想象要怎么替自己的小公主打扮，但是什么才是真正需要的？这里列出相关用品，以免你买来后只能堆在储藏室里。

哺喂用品篇

包括奶瓶、温奶器／调乳器、奶粉盒、哺乳枕、安抚奶嘴、保温瓶等。

一、奶瓶

不管你想要亲自喂母乳或用奶瓶喂奶，都要买一只60毫升的玻璃奶瓶，一方面在你疲倦时可以让其他照顾者帮你喂奶，等月龄大一点后也能装开水喂宝宝。如果你是瓶喂母乳或配方奶，就再准备两只120毫升、4~6只180毫升、4~6只240毫升的奶瓶。建议购买宽口奶瓶，因为日后宝宝如果改喝奶粉，往里放奶粉时才不会撒得到处都是。

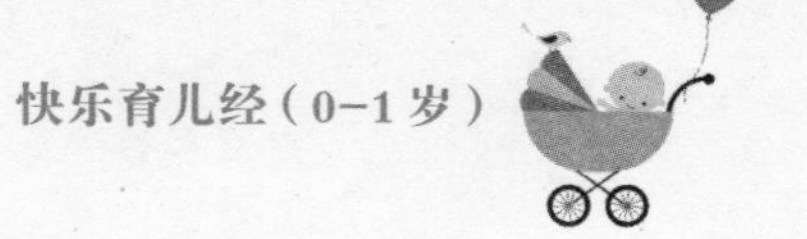

购买时注意的重点是：买玻璃或 PES、PPSU 的奶瓶，PES、PPSU 耐热度高达 180~200 摄氏度，也不会产生双酚 A，安全性高。买玻璃奶瓶要有摔破的心理准备，不过目前还是玻璃奶瓶最安全健康。宝宝出生前不要买太多，因为各种品牌不一定适合你的宝宝，要多买几个牌子，等宝宝出生后确定哪个牌子适合，再多买几个替换使用。

奶瓶一定要选防胀气的，防胀气奶瓶中会有一根导管，能使奶中的空气排到瓶子上方，一开始奶嘴可选小圆孔的，流速较慢。

【新手妈妈泡奶注意事项】

（o）假设你要泡120毫升的奶，要先装120毫升的水，再按照奶粉罐上的指示加入奶粉。

（x）假设你要泡120毫升的奶，奶粉加上水刚好是120毫升，这样的泡法是错误的。

二、温奶器／调乳器

新生儿刚出生时，你可以先买温奶器协助温母乳，等宝宝月龄较大时也可以拿来温副食品。假设你决定要喂配方奶，可增购泡奶用调乳器，调乳器温度可随时保持在 60 摄氏度（像热水瓶一样，可保温在 30 ／ 60 ／ 90 摄氏度），等宝宝开始吃米精时，拿来泡米精也很好用。钧现在已经 5 岁，调乳器变成我家的热水瓶，非常实用。

钧妈碎碎念

我的朋友都用传统的温奶法：用热水直接温热。但是坐月子很忙，我还是选择一转按钮便能温奶的温奶器帮忙。

三、奶粉盒

泡奶时，最怕手忙脚乱量错匙数，多一匙或少一匙都会影响配方奶的浓度。平时可以先量好，放在奶粉盒里，要用时就直接一盒倒入奶瓶，等到吃副食品时，奶粉盒也可以拿来装米麦精粉。

四、哺乳枕

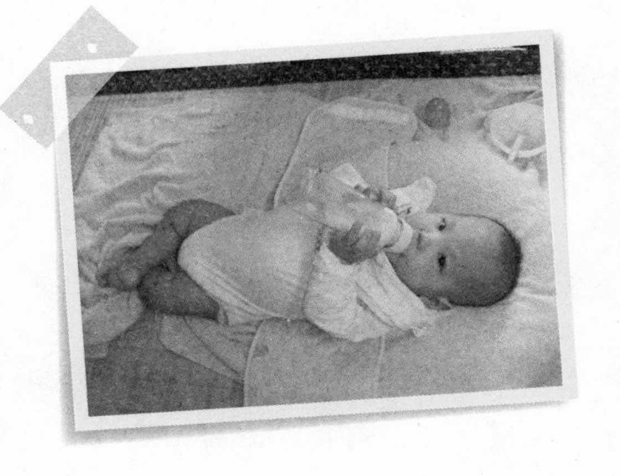

形状多为U型或长条形，U型放在腰上可以让妈妈亲自喂母乳更轻松。躺喂妈妈容易睡着，接下来的作息就会全乱，所以我比较建议妈妈坐着喂奶，保持清醒。在我家，钧刚开始吃副食品时，我会在哺乳枕中间垫一块布，把钧放在里面斜躺（头被U型枕垫高）。

五、安抚奶嘴

一开始带新生儿时，你并不知道该选择让宝宝吸手指还是吸奶嘴，可以预先买一个安抚奶嘴，在你外出或需要哄宝宝安静下来时使用。奶嘴形状非常多，例如：拇指形、樱桃形、双扁形等，通常每个小孩的喜好都不同，必须一个一个去试，像我的钧是只愿意吸手指的宝宝，所以奶嘴变成他长牙时的固牙器。

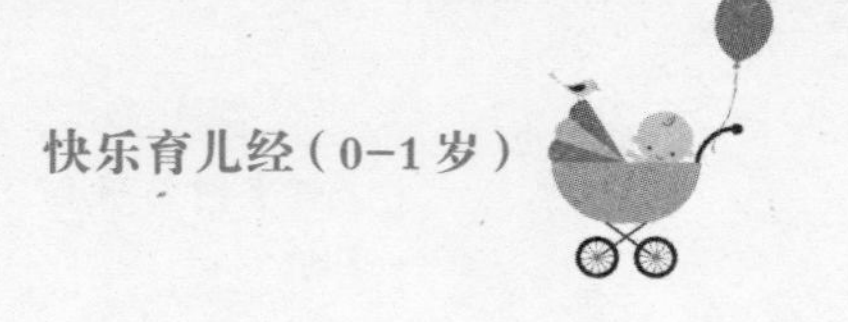

六、保温瓶

有宝宝后，一定要备一个保温瓶。婴儿的肠胃较弱，外出时，要避免使用饮水机（怕没有完全煮沸）及外面的水，最好还是用保温瓶装过滤过和完全煮沸的热水出门。等宝宝月龄较大，开始吃副食品后，保温瓶还能装食物泥、粥出门。

【不需要买的物品】

奶嘴链、奶嘴收纳盒：不要太早买，万一宝宝喜欢吸手指，这些就都浪费了。

衣着用品篇

婴儿易流汗，要选择纱布、棉布布料的衣服，能拿到亲友给的二手旧衣服是最好的（因为已经帮你把浆、荧光剂等该洗的都洗掉了）。旧衣比较柔软不伤皮肤，新买的衣服通常都会上浆固定形状，如果你买新的，一定要多洗两遍，把新衣服上的浆洗掉。

老人家常说“初生婴儿没有六月天”，是有几分道理的，当然不是要你把小婴儿裹得紧紧的，热到长出汗疹，而是因为夏天出生的婴儿多会待在冷气房里，冬天会在暖气房里，前几个月你和新生儿多数时间都在家中，买衣服时统一买薄薄的长袖衣，婴儿不会着凉也不会太热。

新生儿需要使用的物品有纱布衣、棉质外衣、棉质长裤、连身衣、包屁衣、抱被、肚围、帽子、小袜子、纱布巾等。

钧妈碎碎念

不知道为什么，谈到送新生儿礼物或收集二手衣，大家都会一股脑送纱布衣。钧出生时，人缘好的婆婆拿到二十多件纱布衣，所以在买纱布衣前，先问问有没有人要送你。

一、纱布衣

用蝴蝶结绑在前面的贴身衣服，主要功能是吸汗，夏天或冬天都能穿。可以先准备 3~5 件。

二、棉质外衣、长裤

如果你的宝宝是在冬天出生或待在冷气房中，穿上外衣（前开襟）和长裤能避免着凉，各准备两件即可。

三、兔装

连身式衣服，通常裤底都有拉链或扣子可以解开换尿布，在设计上都会让尿布露出一点点（让尿湿显示图案露出来），妈妈可以轻松判断要不要换尿布。兔装有厚有薄，可视出生的季节购买，缺点是宝宝成长速度很快，兔装很快就不能再穿，可以准备 3~4 件。

四、包屁衣

婴儿衣服替换率很高，吐奶、流汗、眼泪都会把衣服弄脏，很难洗干净，一天换四五次都是家常便饭。我觉得包屁衣最实用，不管趴睡仰睡都很适合，价格也很便宜，多买几件也不会心疼，等宝宝长高，屁股底下的扣子扣不起来时，就可以当上衣穿，底下再加一条裤子就好。可以准备 4~7 件。

注意：依据中医说法，肚子和脚（脚踝）是保暖的重点，
只要保护好这两个地方就不容易着凉。

五、肚围

保暖最重要的地方就是肚子，如果宝宝已经会挪动身体，不建议盖被子，改用肚围会比较安全，睡觉时也不用担心闷到口鼻。平日准备 1~2 件。

六、帽子

出门时戴在头上避免着凉，一顶放着备用。

七、袜子

脚跟肚子一样是保暖的重点，睡觉时一定要穿袜子。钧从出生到现在睡觉一定会穿袜子。

八、纱布巾

必备小物品，喂奶时垫在脖子下使用，洗澡、擦脸也能用，选择素面，才不会伤到宝宝稚嫩的皮肤。

九、围兜

喂奶或吃副食品时，围在宝宝脖子上，避免奶溢出来时沾到衣服。

【不需要买的物品】

⊙连身衣（兔装的另一种形式）：从头包到脚的衣服，可以不用穿袜子，因为新生儿的脚很小，袜子往往穿不住，连身衣确实可以保暖，只是使用期限比兔装更短，只要宝宝长高一点点就无法再穿。穿的时候更麻烦，小孩动来动去，全身又软趴趴，要把他的脚塞进

去就要花很久时间，除非你有兴致打扮婴儿，不然这种要花很长时间穿的衣服还是不要买了。

⊙小手套：一定要买有松紧带的才戴得住，而且不是每个宝宝都喜欢戴，像钧在新生儿时期，每次都会想办法把手套弄掉。趴睡宝宝建议不用买，戴了会妨碍活动，如果吸手指就更不需要戴了，会吸不到手指。通常亲友送的衣服礼盒中都会有小手套，不必再额外购买。

清洁用品篇

新生宝宝皮肤容易破，抵抗力比大人弱，无论消毒清洁都需要更细心。可以买消毒锅、奶瓶刷、奶瓶清洁剂、洗衣精、婴儿油／护肤霜／乳液、宝宝专用指甲剪、湿纸巾、防胀气膏等，帮宝宝消毒和清洁。

一、消毒锅

分蒸气消毒锅、蒸气烘干消毒锅、紫外线消毒锅。蒸气消毒锅最便宜，缺点是消毒后，奶瓶里会残留着水，冷却后容易因为潮湿滋生细菌。蒸气烘干消毒锅在蒸气消毒后烘干就能减少滋生细菌的机会，只是烘干是用外部空气，不如紫外线消毒彻底。紫外线消毒锅消毒最彻底，缺点是高温容易让塑胶制品脆化，如果使用紫外线消毒就要常常更换奶瓶奶嘴。

钧妈碎碎念

最省钱的消毒就是烧一锅开水，将奶瓶放入热水中消毒，但是……听我的，别那么辛苦，买个消毒锅，把全部东西丢进去，按一个按钮就轻轻松松消毒完毕。

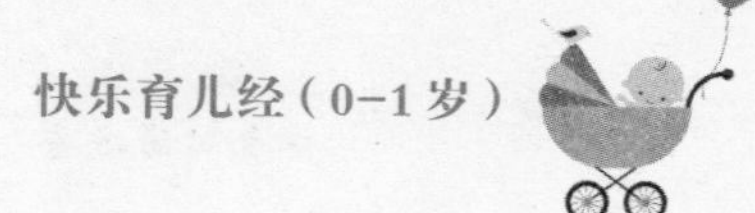

二、奶瓶刷、奶嘴刷

刷奶瓶用，奶瓶形状细长，一定要用奶瓶刷才能清洗干净，可以选用海绵，不容易把奶瓶刮伤，用完后找挂钩吊起来晾干，不然容易滋生细菌。

三、奶瓶清洁剂

母乳和配方奶都有丰富的油脂，没用清洁剂很难洗干净，要买“宝宝专用”或蔬果清洁剂，比较安全。

四、洗衣精

大人和小孩的衣服要分开清洗，光用清水很难把奶渍洗净。小孩的洗衣精要选择防螨、无荧光剂、抑菌、无香精（闻起来很香就不要买）的。

五、婴儿油／护肤霜／乳液

宝宝洗完澡后，可以用婴儿油／护肤霜／乳液（选择其中一种）滋润皮肤，也可以顺便帮宝宝按摩，这时候就是培养亲子感情、互动的时候，宝宝按摩是很重要的一门课。

六、宝宝专用指甲剪

从卫生和安全考虑，指甲刀不要跟大人混用，宝宝用的比较小，可以趁宝宝睡着时剪，要剪成平形（两侧不剪）或方圆形，切记不要将指甲两侧剪得太靠里面。

七、湿纸巾

要选择无酒精和无香精的，以免刺激婴儿肌肤。一开始要买有外盒或有盖子的湿纸巾包，如果你单买补充包，开口的黏性很快就不黏了，这样湿纸巾就会干掉。我一开始贪便宜都买补充包,结果里面纸巾干得很快反而浪费。冬天如果觉得纸巾太凉，也可以买湿纸巾加温器，温温的让屁屁更舒服。

八、护疹膏／凡士林

宝宝的屁股因为长时间被尿布闷着，洗完澡时可以用护疹膏或凡士林擦屁股和皱褶处，这样不容易长湿疹。

九、防胀气膏

宝宝喝奶会吸入很多空气，常常胀气，防胀气膏平时可以拿来擦宝宝的肚子，还可以用来做婴儿按摩。

【不需要买的物品】

⊙痱子粉／爽身粉：老人家会告诉你洗完澡要擦痱子粉／爽身粉，但其实粉末容易堵塞毛孔，也会吸入气管，粉末中的滑石粉成分对身体并不好。

⊙奶瓶夹：这是我买了以后从来没动过的物品。奶瓶放入消毒锅后，多数人都是冷了才会拿起来用，奶瓶夹完全用不上。

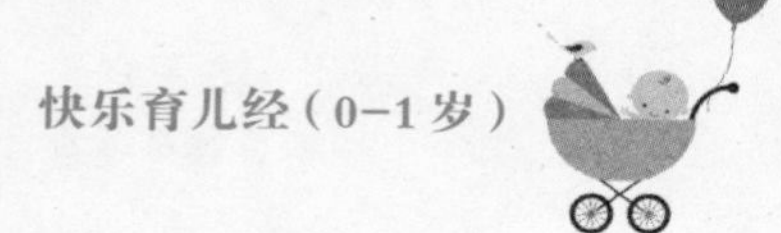

卫生和沐浴用品篇

这个项目的物品应该是很多新手妈妈会大量购买，该买什么？尿布、澡盆、浴网、沐浴乳。

一、尿布

按婴儿体重分成：NB、S、M、L、XL、晚安裤（国外品牌还有更大的号，不过现在你不需要知道）。新生时 NB 号只要买一包，因为婴儿长得很快，很快就要用 S 号。前 3 个月时，可以买贵一点的尿布；3 个月后就可以白天用便宜的尿布（3~4 小时换一次），晚上用贵的，如满意宝宝、帮宝适、尿布大王、丽贝乐等等（睡过夜不用换尿布）。如果发现会漏尿便，可更换更大一号的尿布，而夜间尿布因为需要装大量尿液，所以可以换比白天大一号的尿布。

钧妈碎碎念

趴睡宝宝因为尿液会集中在前面，教你一个小妙招：包尿布时，把前端包高一点，后面低一点，粘贴处会在肚子较低地方，这样漏尿情况就会改善。

二、澡盆

正规的澡盆都比较深，如果坐月子时没人帮你替新生儿洗澡，可以先买便宜的脸盆，或是正规的澡盆加上浴网。

三、浴网

多数的浴网都只有一层网子，让新生儿躺在上面，当然宝宝不可能安安静静躺在网子上让你洗澡，扭来扭去不小心就会翻进水里，可以买有加上带子、洗澡时把身体（肚子）固定住的款式。

四、沐浴乳

宝宝皮肤比大人薄，平时用清水洗就很干净，除非弄得很脏或大量流汗时再用“宝宝专用”沐浴乳。另外，很多人觉得酵素成分天然，拿来洗澡很好，其实酵素洗净力太强，反而会刺激和伤害皮肤，不建议使用。

【不需要买的物品】

⊙洗澡专用温度计：帮宝宝洗澡时，要先放冷水，再放热水，妈妈的手就是最好的温度计，你觉得最舒服的温度就能替宝宝洗澡，温度计完全不需要。

⊙尿布垫：我没有买过。宝宝换尿布时，如果你担心突然出现尿液喷泉，可以在下面垫浴巾，加快换尿布的速度，男宝宝则可以先用尿布前端遮住小小鸟。

寝具用品篇

传统的妈妈会跟你说：买婴儿床一点也没用，最后还不是跟妈妈睡。我个人意见是：为了培养良好的睡眠习惯、安全感，要坚持让宝宝睡婴儿床。寝具相关产品有：婴儿床、蚊帐、4~8 件浴巾、侧睡枕、音乐铃、床围、床单夹、睡袋 / 防踢睡衣等。

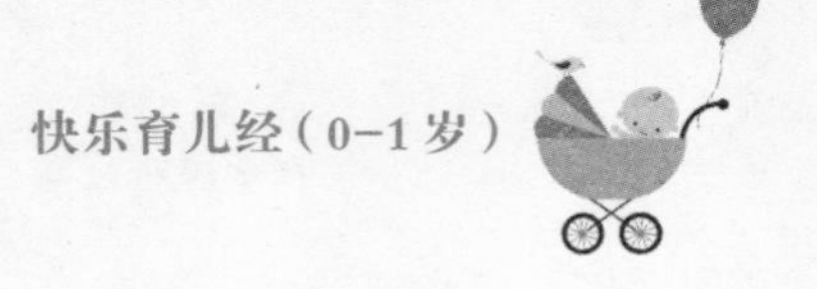

一、婴儿床

直接买大床（前面已经重复很多次：宝宝长大速度很快），要注意床板是否能够降到最低，要装有防咬条（长牙时一定会咬床栏），注意升降开关会不会夹手，床板藤编的会比木板的柔软好睡。

二、蚊帐

除了防蚊子叮咬，还能遮蔽光线，非常实用。等宝宝月龄较大，还能提供遮蔽，让他专心睡觉。切勿使用电蚊香这类化学产品，会伤害宝宝身体。

蚊帐

把浴巾塞进栏杆细缝

三、4~8件浴巾

直接在婴儿床上铺 4 层浴巾，透气又好更换，弄脏时抽掉最上层那条，铺的时候要把浴巾的边边塞进婴儿床的栏杆细缝里，表面一定要拉平。浴巾买的时候要注意吸水性，因为宝宝会不定时大吐奶，要确保浴巾能把奶水吸收掉。浴巾用途很多，小的时候可以当小被子，喂奶时垫在下面（避免溢奶吐奶弄脏床铺）；以后不用时，也能拿来洗好澡时擦身体，当普通浴巾用。

四、侧睡枕

如果你害怕宝宝趴睡，就买专用的侧睡枕固定宝宝身体，不要用枕头或棉被，因为如果不小心翻成趴睡容易闷住口鼻。

五、音乐铃

逗弄新生儿的必备品。宝宝刚出生时，你往往不知道该怎么陪他玩，自动转动的音乐铃可以帮你。钧刚出生时，喝饱奶、打完嗝后我都会先用音乐铃帮我吸引钧的目光（趁这时间我去洗个奶瓶）。

六、床围

除了防止宝宝撞到床栏，还能遮蔽视线、减少外界干扰、提供安全感，是必备品。市面上的床围都比较低，我会请人制作比较高的床围，月龄更大时会更好用。

七、床单夹

有些婴儿床没有办法将浴巾塞进栏杆细缝，就可以在最上面铺上一层薄床单，再用床单夹夹住，固定住浴巾和床单，让床面平整。

八、睡袋／防踢睡袍

每个小孩屁股都有三把火，体温都偏高，棉被根本盖不住，只要会动就

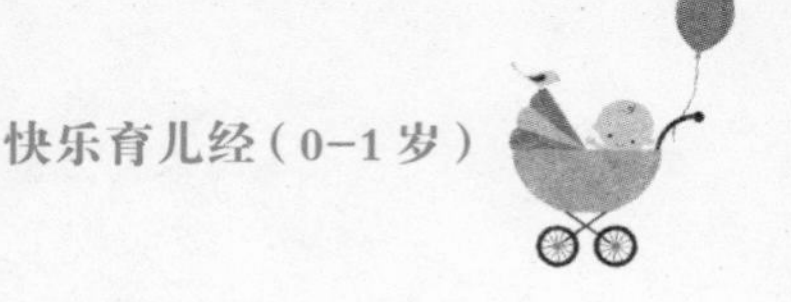

会开始踢被子，不如买睡袋或防踢睡袍，让他穿着睡觉会很温暖。想知道宝宝睡觉时会不会穿得太热，可等他睡着后，用手伸进背部，如果没有流汗就表示刚刚好。

婴儿床完整布置图

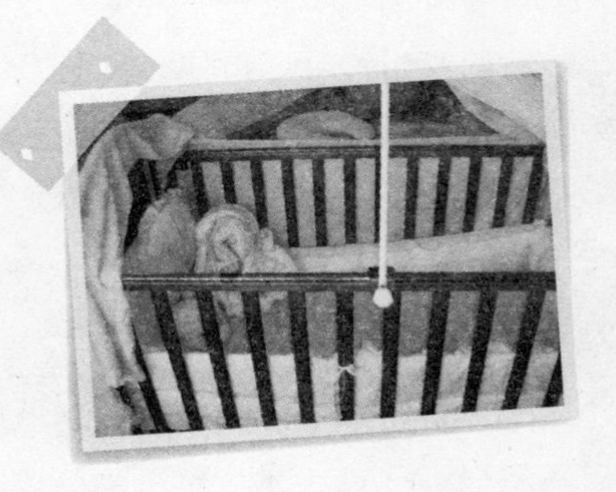

【不需要买的物品】

⊙棉被／小被子：宝宝是盖不住棉被的，用了反而会有闷到呼吸的危险。

⊙床垫／乳胶垫：新生儿睡的床绝对不可以软，一般床垫都太软，口鼻容易陷入床中，乳胶垫很热又不透气，更不要给宝宝使用。

⊙枕头：千万千万不要买枕头或趴睡枕，婴儿睡觉不需要枕头的，不要相信商人告诉你枕头有多透气。

外出用品篇

建议前 3~6 个月期间应避免带新生儿外出，不过这个太难，妈妈天天闷在家里也会闷出病，那么这里就先介绍新生儿出门需要的物品：婴儿推车、安全座椅、亲密背巾或背巾、抱被。

一、婴儿推车

要选有品牌的婴儿推车，选购时注意宝宝的手是否会在推车细缝处夹到，收起来时会不会夹到妈妈的手。我很少用背巾（胖子很怕热，背着婴儿等于两个人一起热到流汗），几乎都是带推车到处走，推车后面可以挂挂钩，买菜还能挂在后面，是必买品。

二、安全座椅

刚出生时，可以用手提篮，也能购买躺坐两用安全座椅，月龄小用躺的，大一点就可以头朝前用坐的。

三、亲密背巾／背巾

亲密背巾很适合亲自喂母乳的妈妈，除了提供安全感，还能让妈妈在外面轻松喂奶。另外，可以选一般背带或背巾，等宝宝会坐后也可以买坐垫型背巾。用背巾的好处是方便移动，上公交车时还能空出两只手抓把手，宝宝外出想睡觉时，因为是靠在妈妈身上，也比较好哄睡。

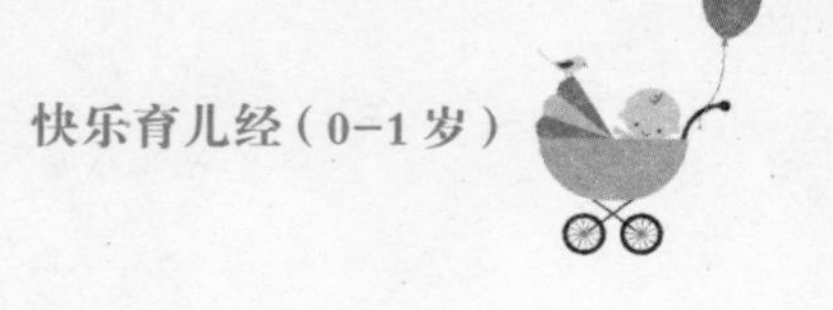

四、抱被

新生儿刚出院、出门时都需要用抱被包起来，可以视季节购买薄的或厚的，在家或在婴儿推车上睡时可以当成小被子盖，准备一件即可。

其他物品篇

新手妈妈要学习一些居家护理的知识，可以买辅助机器，包括耳温枪、电动吸鼻机等。

一、耳温枪

平时要习惯用一手手背摸婴儿的额头、一手摸自己的额头，确认双方体温有没有一样，如果觉得温度偏高，再用耳温枪量，耳温超过 37.8~38 摄氏度就是发烧。

二、电动吸鼻机

宝宝如果开始流鼻水或感冒，除了拍痰（把婴儿横放在妈妈膝盖上，头朝下，手呈碗状拍婴儿的背，帮助他把痰咳出来），也要用吸鼻机把鼻涕吸出来。吸鼻机有手动式的，只是吸力太小，电动的比较方便，将鼻涕吸出来才不会恶化成支气管或细支气管炎。

三、黑白书

除了音乐铃，我觉得这是另一个吸引婴儿注意力的利器。宝宝这时只看得到黑和白，光是翻黑白书也能消磨一些时间。

【可以晚点买的物品】

⊙副食品用具、固齿器：等开始吃副食品时再买都还来得及，太早买会浪费钱。

⊙监视器：约3~4个月婴儿视线才能追着物品移动，所以可等三四个月后再买。

第二章

迎接新生儿，作息大作战

1 出生的第一个月

刚生下孩子，应该以恢复体力为主，如果能有他人或月子中心协助照顾宝宝是最好的，在坐月子期间便可不需要考虑任何育儿的问题（如睡过夜、4小时喝一次奶等等），只需考虑是否把新生儿喂饱奶和自己有没有休息好、体力是否恢复。

4 个注意事项

一、第一个月，妈妈只需尽量规律喂奶

在第一个月时，为确定妈妈的奶量和让宝宝学习吸吮母乳，不一定非要4小时喂一次，应该和缓地建立宝宝的饥饿循环，亲喂母乳2.5~3小时喂一次，配方奶3~4小时喂一次。请观察宝宝饿的循环，假设宝宝喝完奶后能撑2.5小时，就请你每隔2.5小时喂一次奶；如果宝宝一开始就能4小时喝一次，则请继续维持。新生儿大多数时间是在睡觉或喝奶，除了生病、肠绞痛，都是睡到极饿才会醒来哭并讨奶喝，但我们希望建立起新生儿饥饿的循环，所以建议规律喂宝宝。

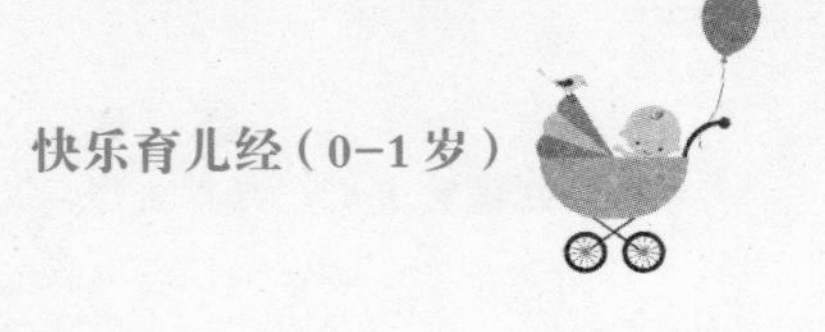

二、让孩子白天有清醒的时间

白天玩到喝奶（饮食）→让孩子清醒几分钟→宝宝累了让他睡觉。

晚上玩到喝奶（饮食）→拍嗝（抱一下）→睡觉。

虽然新生儿都是在睡觉，并不表示 24 小时都在睡，为了避免晚上清醒玩、白天都在睡觉，白天除了睡觉时，尽量保持室内明亮。新生儿喝完奶后会很舒服想睡，但也为了避免养成奶睡的习惯（习惯含着乳头或奶瓶才能入睡），尽量喝完奶后叫醒他，就算只醒几分钟也可以，再让他因为疲倦而自然入睡。

为了养成宝宝饿的规律循环，夜奶也要规律喂，不需要等到哭了才喂。

三、新生儿累的判断法

满月前，宝宝喝完奶打三个哈欠以上，或是累到有点“欢”、哭闹、揉眼睛、不想跟你玩、眼神发呆时就能放宝宝上床睡觉了，务必确认宝宝已经累了才能让他上床睡觉。

四、喂奶间隔的算法

从开始喂奶的时间点计算，假设你是 3 小时喂一次，第一餐 7 点喂奶、下一餐应该 10 点再喂。

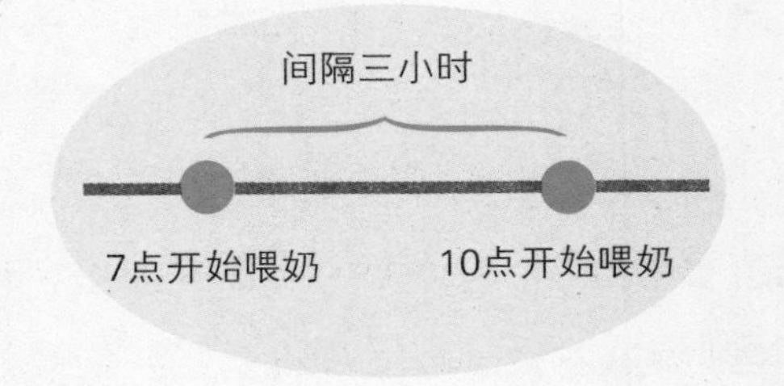

坐月子常犯的错误

一、强行戒掉夜间喝奶×

很多妈妈受不了宝宝一直不停要奶，希望宝宝和妈妈晚上能好好睡觉，认为宝宝晚上哭不用管，哭个几天就会放弃喝奶，其实是错误的。宝宝体力无法撑过夜时，无论哭多久都不可能放弃喝奶。

二、硬是让宝宝4小时喝一次奶×

6 个月前的宝宝会以饥饿为能否稳定作息依据之一，很多母亲强迫自己一定要 4 小时喂一次奶，宝宝因为吸吮力、胃容量、体力等因素无法撑到 4 小时才喝奶，导致一整天哭着要喝奶，母亲无法忍受哭泣声而放弃规律作息。此时建议先确认宝宝多久需要喝一次奶，接着缩短喂奶时间的间距。

三、未满月就让宝宝独自睡一间房×

建议在 6 个月后（分离焦虑症前）再让宝宝睡一间房，虽然 6 个月前婴儿与母亲会互相干扰睡眠，但是能注意新生儿异常状况，避免夜间意外或猝死症的发生，况且若宝宝夜间还要喝奶，不停地跑到婴儿房喂奶对母亲也是个负担。

四、哭就立刻喂奶×

哭不等于肚子饿。当新生儿哭时，妈妈务必先确认是否为浅眠哭泣、惊吓反射（醒来时手脚抽动，宛如惊吓到）、尿布湿等原因，规律喂奶的方法最能帮助妈妈找到哭的原因。

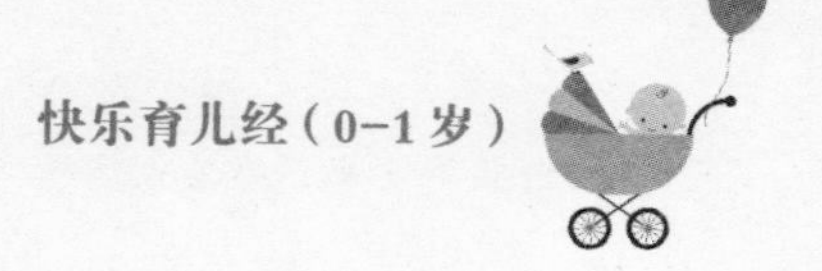

睡姿的选择——仰睡、侧睡、趴睡

宝宝抱回家后，母亲必须选择该怎么决定宝宝的睡姿，依我的经验，如果在宝宝学会翻身前，同时习惯仰睡、趴睡、侧睡，就会很好地度过因为不习惯其他睡姿而起床哭闹的时期（约4个月时）。

一、仰睡

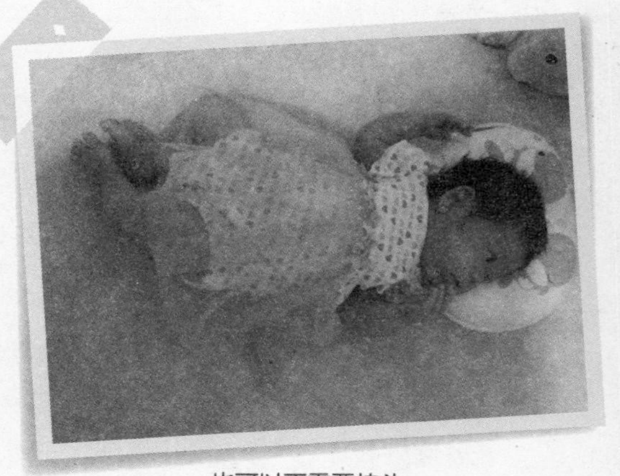

也可以不需要枕头

仰睡为身体胸口朝上，背部躺在床上，脸朝上或侧向左右边的睡法，现在被认为是较安全的睡姿。

婴儿在母亲肚中时被羊水包覆，身体蜷曲呈趴状，故仰睡对婴儿来说是很不习惯的姿势，最常发生的问题是惊吓反射（睡到一半手脚抽动，似乎受到惊吓，醒来大哭），以及浅眠清醒后而无法再度入睡。

另外，仰睡由于同母体环境差异太大，灯光或刺激也很大，新生儿自然很难入睡。宝宝放入婴儿床后，会继续玩直到过累却无法入睡，然后开始哭到下一段喝奶时间。多数母亲可能开始塞奶嘴让宝宝含着入睡（养成一种入睡习惯），或是奶睡、摇睡、哄睡、抱着睡。塞奶嘴是妈妈半夜帮宝宝捡奶嘴噩梦的开始，宝宝要等到6个月肢体动作发展好后才会自己找寻放置在身边的奶嘴吸。

常常有人问我：为什么新生儿可以整天都不睡，或睡着30~40分钟就醒来；或是喝完奶后不睡，直到下一次喝完奶就昏昏沉沉睡死叫不起来？这些都是仰睡造成的。

习惯惊醒的孩子会渐渐习惯醒“很长的一段时间”，整体睡眠时间减少，这样母亲就会搞不清楚宝宝是否累了（有时根本连哈欠都不打），放上床后，无论宝宝哭多久都无法睡着，或是哭一哭睡着后不到几分钟又醒来继续哭，这都是因为宝宝太累了。

改善建议：

1. 宝宝要睡觉时，母亲用包巾将婴儿包起来，把室内灯光关暗；孩子累了以后，妈妈可以试着抱一下等眼睛快瞇掉再放到床上，或塞奶嘴让孩子吸吮到想睡觉（切勿含着奶嘴入睡）就拿掉，确认孩子眼睛看到床后放入婴儿床。

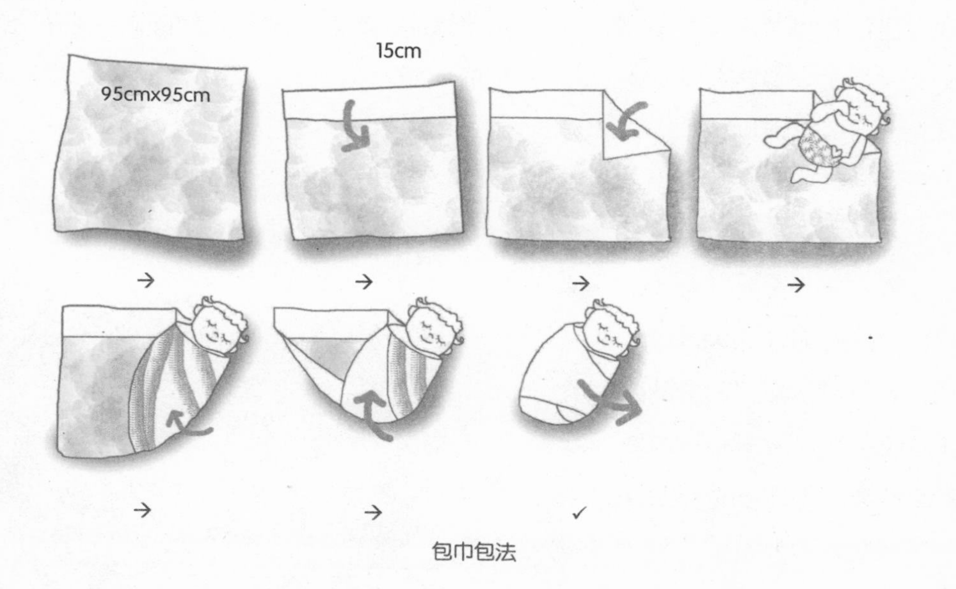

包巾包法

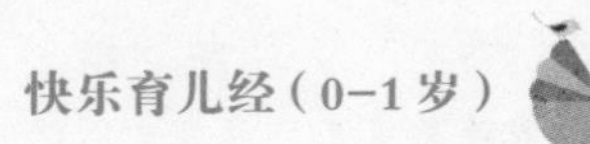

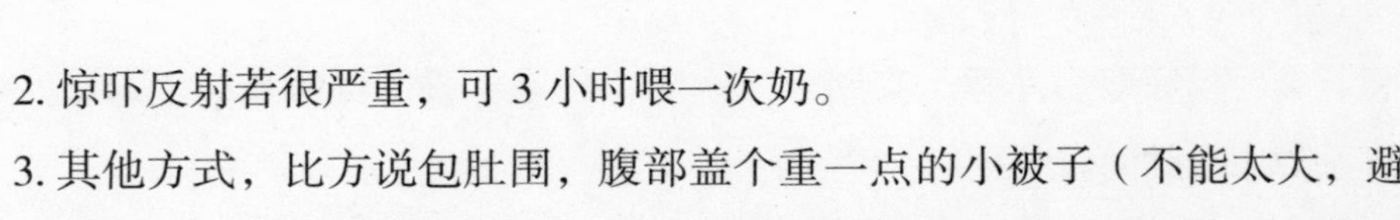

2. 惊吓反射若很严重，可 3 小时喂一次奶。

3. 其他方式，比方说包肚围，腹部盖个重一点的小被子（不能太大，避免发生意外），以上这些方式都是为了营造接近母亲肚中的环境，让宝宝好好睡觉。假如宝宝睡约 30~40 分钟后浅眠醒来（或醒来前手脚开始扭动），可以将奶嘴塞进去让宝宝吸一吸制造睡意，快睡着且尚未睡着时，再拿出来让宝宝继续睡。

容易发生的睡眠中的意外有：溢奶、呕吐。奶和呕吐物可能会回呛堵住呼吸道或吸入肺部，建议喝奶一定要仔细拍嗝，刚喝完奶时直抱，也要避免喝完奶立刻睡觉。刚睡着时头可以垫高或躺斜避免溢奶回呛。不建议已经习惯仰睡的孩子改成趴睡或侧睡，更不能为了避免溢奶而改成侧睡，习惯仰睡的宝宝颈部不够有力，不小心变成趴睡时很容易发生意外。白天陪宝宝玩的时候多让宝宝趴着练习抬头，训练颈部力量。

建议折中的方式：白天如果有人照顾时用趴睡，晚上再仰睡，这也能让宝宝睡得更好，因为宝宝白天大人有精神照顾和注意，小睡睡得好，晚上则因为白天劳累而减少惊吓反射产生，晚上也会睡得好。

二、侧睡

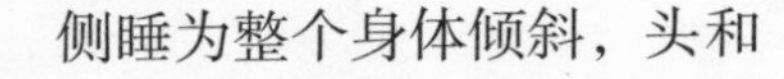

侧睡为整个身体倾斜，头和胸口朝向左侧或右侧的睡法。

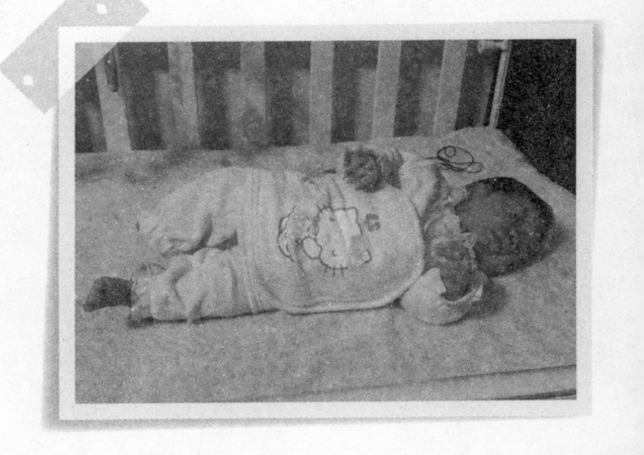

侧睡枕可以将宝宝固定在侧睡的位置，宝宝惊吓反射也会比仰睡少，也能避免溢奶呕吐时堵住口鼻。一般而言，向右侧卧比向左侧卧更佳，因为心脏在左

注意：钧妈不鼓励趴睡，
请父母必须评估该负担的风险。

边；只是为了宝宝头型，建议每次小睡都要换边睡。

侧睡很容易因为宝宝扭动身体而变成仰睡或趴睡，大人须时时注意宝宝的状况，避免把大型棉被或杂物放在身边，造成趴睡发生意外。

三、趴睡

趴睡为脸朝向左边或右边，胸口朝下的睡法。

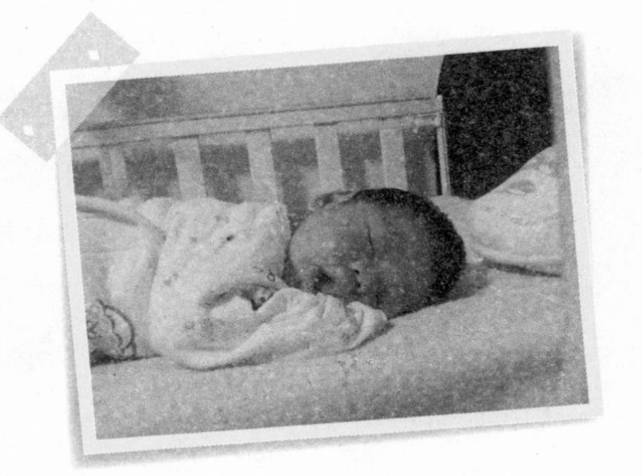

趴睡最接近婴儿在母体内的姿势，让婴儿最有安全感，最能让宝宝好好睡觉，不易惊醒。趴睡宝宝颈部发育速度快，四肢与胸部等肌肉张力发育速度也比仰睡快。因为趴睡容易吸到手指，所以趴睡宝宝很快会找到浅眠时安抚自己的方式（吸手指）再度入睡。

趴睡比其他睡姿更需要注意婴儿床的铺设，铺好一张属于趴睡的床，能让宝宝有更安全的睡眠环境。

铺床方法：

1. 浴巾能在宝宝呕吐、哭泣时吸收眼泪和呕吐时的奶水，避免堵住口鼻。将 4 条吸水浴巾铺在床上，四边塞进床栏，也可以再加上一层床单；用床单夹或安全别针夹在宝宝抓不到的地方。夏天时，铺 4 条浴巾过厚，建议铺两层或较薄的浴巾。和式床、弹簧床、游戏床在铺浴巾时，最上面一定要加上床单，并用床单夹夹住，避免浴巾整个被宝宝抓皱堵住口鼻。

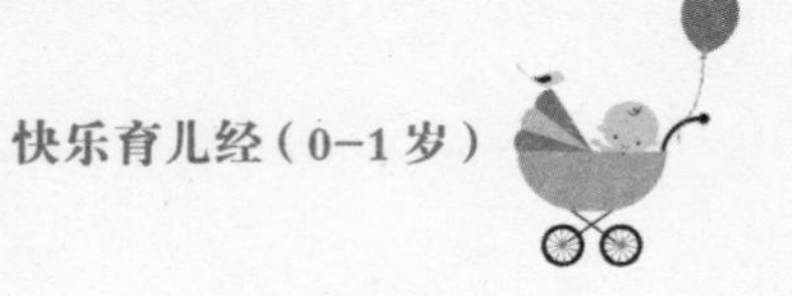

2. 整个床板必须确保小孩的脸不会陷下去，造成呼吸困难，所以底下不可以放乳胶垫，只能是硬木（藤）板。有些床板（游戏床）比较软，可以到家具店或木材行裁切适合的板子使用。

3. 假如趴睡小吐奶，小孩又在哭，建议不要抱起来换衣服和床单，等小孩睡熟后，偷偷把脸移到干的地方即可，等起床后再抽掉上面的浴巾。

4. 绝对不可以放趴睡枕！趴睡枕虽然号称透气，但是不能保证百分百吸收水分。至于包巾、手套这些配件，主要给仰睡宝宝使用，趴睡宝宝用不上，包巾和手套容易造成无法活动和自行调整睡觉姿势时的意外。

5. 如果要盖被子，建议盖浴巾且塞在腋下即可。床上清空，宁可给宝宝穿多一点衣服保暖，围肚围来代替厚重的被子。

6. 通常浴巾用久都会被宝宝抓出小毛屑，这是正常的，换新的就好。

7. 无法自由换边睡（自由转头）的孩子不能趴睡，请选择侧睡或仰睡，这表示宝宝颈部较无力。

8. 一定要独自睡婴儿床，不可以和大人一起睡，大人床多数为弹簧床且上面有厚重棉被，不小心覆盖到婴儿会发生意外。

趴睡宝宝睡法：

1. **姿势一**：睡时，头侧向左右边。妈妈常会问：脸只睡同一边，头形会不会扁？婴儿会习惯脸朝向门或避开窗户的光，妈妈不用太担心，每次小睡时可以让宝宝轮流头朝床头或床尾，也可以在宝宝熟睡时偷偷帮他换边。

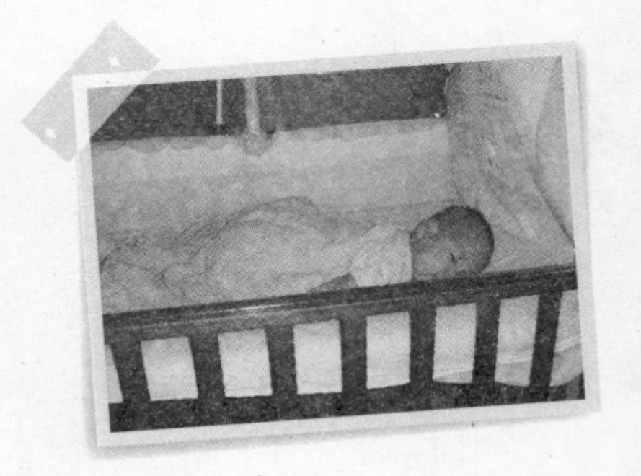

注意：新生儿身体非常柔软，
将他放成趴状时注意不要抓手臂。

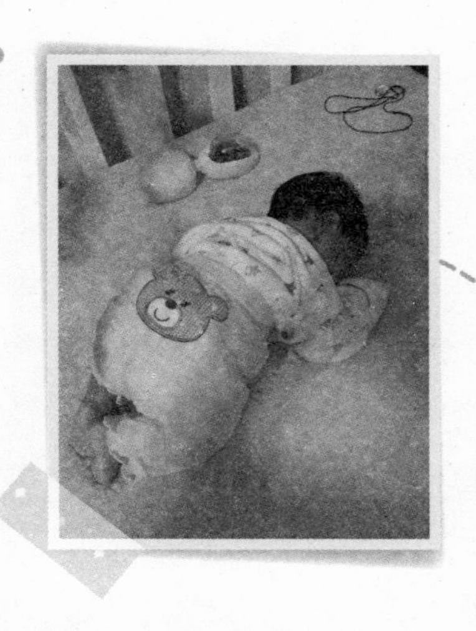

2. **姿势二**：头向下，手垫在脸的四周，屁股翘高，略呈跪姿。这个睡法很容易惊吓到妈妈，钧小时候常吓得我一直用手伸进去确认钧是不是有在呼吸。请不用担心，宝宝很聪明的，会用手垫高脸部。

宝宝趴睡图解（仅供参考）

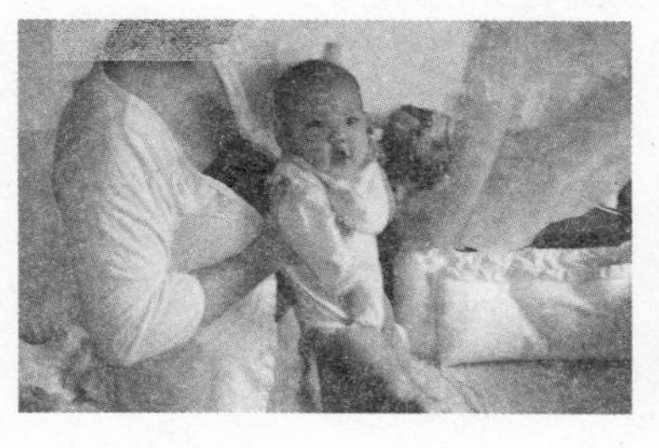

一、从腋下抓起。

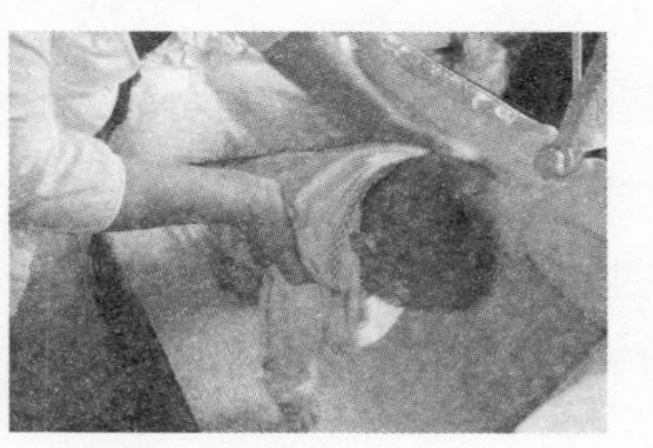

二、头向下放到床上。

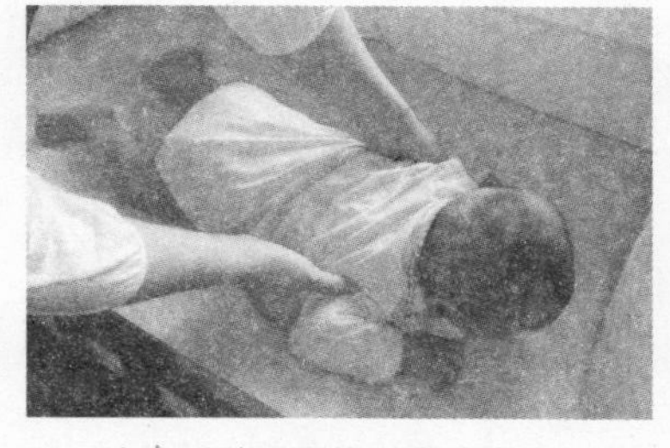

三、注意手臂不要放在身体底下，可将手放在头边像趴在床上一样。

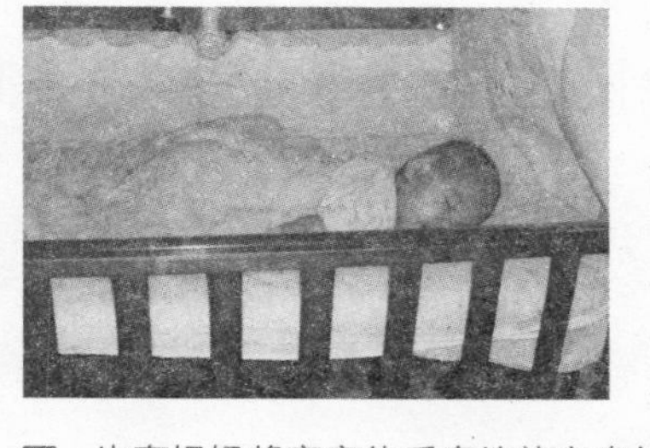

四、也有妈妈将宝宝的手直接放在身体两侧。

预防婴儿猝死症

“婴儿猝死症”简单的解释，就是原本检查没有任何问题的健康婴儿，突然死亡，多半发生在睡眠中，不分人种地域，好发于2~4个月。

发生趴睡致死时，都会被拿来大做文章。然而，趴睡能让婴儿睡得更安稳，还能减少惊吓反射，让母亲很难取舍。我们要弄清楚，趴睡是猝死的原因之一，但是发生猝死的原因却不只是趴睡，还包括先天性疾病、溢奶、神经系统、心肺功能、温度过高或过低、早产儿、意外等。此外，母亲怀孕时年龄过低、怀孕时抽烟或吸毒，同样容易导致宝宝发生猝死。妈妈应该注意新生儿状况，在决定睡姿时，务必询问小儿科医师。以下是决定睡姿的初步判断：

- × 不适合趴睡的宝宝：先天性心脏病、心肺功能相关问题、肠套叠、肠胃先天性疾病等。
- ✓ 适合趴睡的宝宝：容易呕吐、胃食道逆流、呼吸道异常、斜颈、感冒时有痰等。

我不鼓励趴睡，请务必评估趴睡的风险。

鉴于新生儿安全，推荐以下几种仪器供参考。

一、婴儿动作声音感应器

包括一块感应板、一个主机、两个接收器（可以让两个大人在不同的地方接收）。感应板放在床垫的下方，如果连续20秒小孩没有任何动作（包括呼吸），铃声就会响起。

二、婴儿呼吸感应器

当婴儿每分钟的呼吸频率少于 10 次或呼吸停止 20 秒时，呼吸感应器便会闪灯（红色灯）并发出警报声响。不过这种产品的使用期限很短，等宝宝会翻滚后就无法使用。

三、网络监视器

与小孩分房后，我百分百推荐此产品，比起婴儿监听器，该产品更优，不管小孩几岁都能使用，在往后的日子里，妈妈不需要担心小孩啼哭时是发生了什么状况，透过监视器，可以在正确的时间进入婴儿房，也不必一直进房间干扰小孩睡眠，像我自己也会录影留作回忆。

喂奶的学问

一、奶瓶的选择与瓶喂的方法

要选择有防胀气装置的奶瓶，不管是选择圆孔、Y 字孔还是十字孔，当你发现宝宝喝奶时间变得很长，且喝不完时，就需要考虑是否是奶嘴头过小应更换的问题。

瓶喂奶应该是先喂到八分饱就要打嗝，喂完后再打嗝，打嗝后确认还要不要喝。因为婴儿喝进去的以空气居多，母亲必须确认他的肚子内是否都是奶，小婴儿溢奶很正常，而且有小溢奶才代表吃饱。

如果喂完，宝宝还是哭闹，建议试着增加奶量。

有些宝宝个性很急，喂到一半或八分饱打嗝会生气哭闹，建议还是先喂完再打嗝。

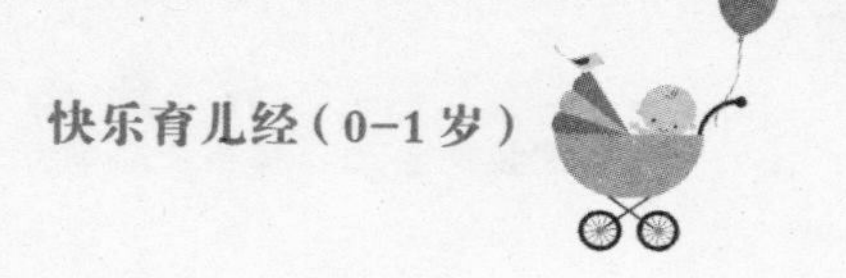

二、减低喷射性吐奶的方法

新生儿的食道末端括约肌发育尚未成熟，喂完奶打嗝、翻动身体都有可能呕一口奶（或很多奶）到嘴边、身上（溢奶），这是正常的，新手妈妈不用担心，一直减低奶量，以致让宝宝饿肚子。

比较需要注意的是喷射性吐奶，像喷泉一样将奶一口气全部呕出。喷射性吐奶原因可能是生病（喉咙有痰、幽门狭窄），但绝大多数是喝进过多的空气。

喂奶时要注意宝宝喝进过多的空气时拍嗝一定要彻底，避免喝完奶就让宝宝睡觉，让他直立躺在你的怀里三十分钟。

新生儿也经常会打嗝，原因有奶孔太大、喝的速度过快等，帮他拍背舒缓即可，不需要过度紧张。

三、亲喂母乳的方法

喂食时间长短因人而异，有一定比例的宝宝吃一边乳房就饱了，宝宝不小心睡着的话要把他叫起来，有时候新生儿只是含着吸吮，没有在喝奶，你要把乳头抽出，叫醒宝宝再继续喝，让宝宝在清醒时吃奶或更换另外一边给宝宝吸吮，一直喝到宝宝松开口；下一次喂奶从上一次结束的那边或没有吃的那一边开始，乳汁前半部分水分较多，后半部分脂肪较多，你必须确保宝宝有喝到后奶，很多新生儿因为吸吮力较弱，只喝到前半部分的奶就累了不喝，结果不到一小时又饿了。如果发现宝宝很快就饿着要喝奶，表示他只喝到前奶或只喝到一点而已，请检查你的喂奶方式、宝宝的含乳姿势。当然，每个妈妈的情况不同，有少数妈妈会只喂单边，对于亲喂母乳有疑问时，务必咨询母婴亲善医疗院所的医护人员。

很多妈妈会害怕喂不饱宝宝而急着改瓶喂。对自己要有信心，相信自己一定能喂饱小孩，第一个月宝宝吸吮力很弱，也需要时间练习吸吮，请多给宝宝一点学习的时间。

发奶诀窍：DIY 花生猪脚汤

多喝液体类汤汁是发奶的诀窍之一，有些妈妈会一直喝发奶茶、黑麦汁、花生猪脚汤（加通草）、鲜鱼汤等，这些会因个人体质有不同的效用。

材料：猪脚（黑猪的较好）、花生（怕宝宝过敏可不加）、通草（清热利血通乳）。

先将猪脚用滚水烫过，花生如果怕不软可以预先煮熟，跟通草一起放入电锅或压力锅熬煮一个小时，水要放多一点（因为是要喝汤），起锅后捞油放凉就可以喝。

怕猪脚汤恶心喝不下去，可以加点盐去猪油的味道。

如何为宝宝洗香香

宝宝出生后，除了喝奶、睡觉外，洗澡也很重要。为宝宝洗澡，一方面是为了宝宝的卫生、健康；一方面父母也可以借此观察宝宝的成长及身体状况，并增进亲子互动。由于新生儿软绵绵的，很多新手爸妈不敢为宝宝洗澡，担心会发生呛水意外，这些都是“信心”问题。如何为新生儿沐浴？只要掌握以下几个重点，就可以轻松为宝宝洗香香！

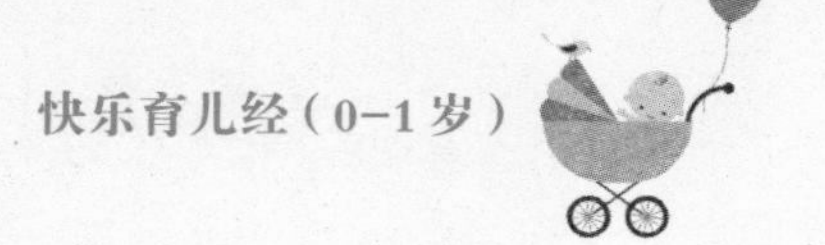

一、准备沐浴用品

选择婴儿专用的中性肥皂或沐浴露，准备浴盆、纱布巾、浴巾、婴儿衣物、尿片、婴儿专用护肤用品、棉花棒。洗澡前要先准备齐全，浴巾、纱布衣、尿片一定要先打开铺好，这样洗完澡才能尽快帮宝宝着衣，不仅能避免宝宝着凉，也不会手忙脚乱。

二、适合洗澡的时机与环境

尽量在喂奶前或是喝奶后 1 小时为宝宝洗澡，以防溢奶。室内温度要保持在 25 摄氏度以上，天冷时可备电暖炉（保持安全距离）。浴盆内先放冷水再加热水，水温控制在 38~42 摄氏度之间，尽量在十分钟之内完成，以免水温下降宝宝受凉。

三、沐浴步骤有顺序

采取橄榄式抱法为宝宝洗香香，用左手手掌托住宝宝的头颈部位，再用手臂夹住宝宝的腰臀部位，这样就可以将宝宝固定，不用担心滑落。先洗脸再洗头，最后洗身体。

⊙脸部清洗：用纱布巾的两个角落分别擦拭双眼，眼角由内向外擦拭，避免交叉感染，再依序清洗鼻孔、耳朵、脸部部位，使用清水即可。

⊙头部清洗：用左手大拇指、中指分别压住宝宝两耳，防止耳朵进水；另一只手用纱布巾沾湿宝宝头发，再抹肥皂或沐浴露轻轻搓洗，最后再以纱布巾沾水后洗净并擦干。

⊙身体清洗：先用水轻拍宝宝胸前，让宝宝适应水温，再抱入浴盆内，以左臂支撑宝宝背部，左掌托住宝宝左腋下部位，依序清洗颈部、胸注意：大人指甲剪短，并取下戒指、手表等，以免刮伤宝宝。
若宝宝脐带未脱落，清洗时要避开脐带处，按专业指示做好护理。

部、双臂、腋下、腹股沟、生殖器、下肢。接着用左右两手的虎口抓住宝宝的臂腋处，再用右手托住宝宝的左腋下部位，让宝宝趴在右手臂上，清洗背部、臀部。

洗好后，用大毛巾擦干，尤其耳后、颈部、腋下、关节、腹股沟及皮肤皱褶处。然后，抹一点婴儿油或乳液滋润宝宝的肌肤，另外可以给宝宝小屁屁抹上护肤膏，再包上尿布，穿上衣，完成！

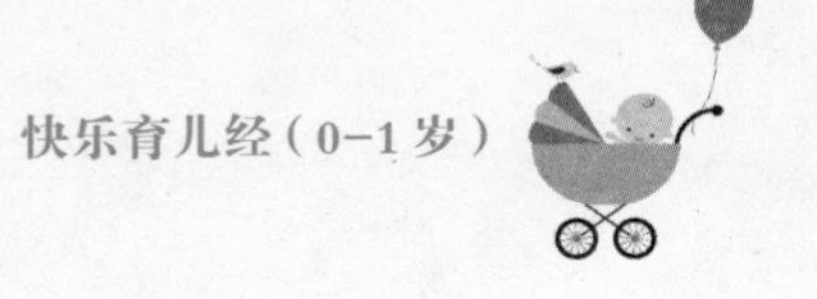

2 如何让宝宝规律作息

新生儿在妈妈肚子里时，并没有日夜的分别；孩子出生后，妈妈慢慢带着小孩习惯家里的生活作息，宝宝跟随家人每天在差不多的时间起床、睡觉，这就是规律生活的基本定义。很多人误以为新生儿整天都在睡，几乎没有清醒的时间，这是错误的！宝宝有一定的清醒与睡眠时间，假如妈妈能将宝宝清醒的时间安排在白天（白天就是喝奶、清醒、睡觉三个步骤不停循环），宝宝晚上也能陪同家人一起有长且安稳的睡眠。

在宝宝出生后 1 个月，你就能尝试给宝宝一个规律作息。

0~3 个月规划作息与调整要点

1）满月前每天睡眠总数约 14~20 小时，第二至第三个月约 14~18 小时。

2）满月前喝完奶清醒约十分钟或一下下，就能安排上床睡觉，第二至第三个月则缓慢延长清醒时间。

3）观察宝宝的状况，规律时间喂奶，但是不需要固定奶量。

4）从早上第一餐奶开始，白天约有 3~4 段的喝奶、清醒、短睡眠（后均称为小睡）的循环，一直到夜间长睡眠前结束。

5）满月后，如果你替宝宝规划晚上 12 小时的睡眠，建议提前结束第三段小睡，提前约 40~90 分钟让宝宝起床洗澡、清醒、喂第四餐奶，这样可以让宝宝晚上睡得更好。

以下两个表仅供参考，实际情形仍需观察你的宝宝状况，每个宝宝实际需要的睡眠时间均不同：

一天三次小睡

	满月前	满月~2个月	2~3个月	3~4个月
第一段小睡	3小时	2.5~3小时	2~2.5小时	2小时
第二段小睡	3小时	2.5~3小时	2~2.5小时	2小时
第三段小睡	2.5~3小时	2小时	1.5小时	30~40分
夜晚长睡眠	11~12小时	11~12小时	11~12小时	11~12小时

一天四次小睡

	满月前	满月~2个月	2~3个月	3~4个月
第一段小睡	3小时	2.5~3小时	2.5小时	2.5~2小时
第二段小睡	3小时	2.5~3小时	2.5小时	2.5~2小时
第三段小睡	3小时	2.5~3小时	2.5小时	2小时
第四段小睡	3小时	2.5~3小时	2~3小时	2小时*
夜晚长睡眠	7~8小时	7~8小时	7~8小时	8小时*

*见第三章〈4 延长夜间睡眠〉：宝宝会随着月龄增加不喝夜奶不吃第五餐，第四段小睡和夜晚长睡眠就会连起来变成不中断的连续睡眠。

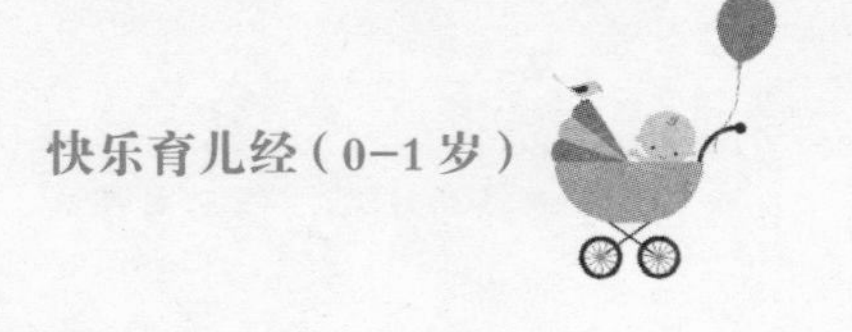

【步骤 1】划分日夜

妈妈让宝宝白天喝奶（饮食）、清醒（活动）、小睡，夜晚则是长睡眠，这就是“作息”。首先请你思考：家人都几点起床、几点睡觉。孩子的生活习惯跟随着家人，让宝宝慢慢适应家中的生活。

满月后，制订一个严格或宽松的作息，妈妈可以观察宝宝的状况，记录喝奶的间距时间，将 24 小时中的 10~12 小时当成宝宝夜间睡眠时间。例如：

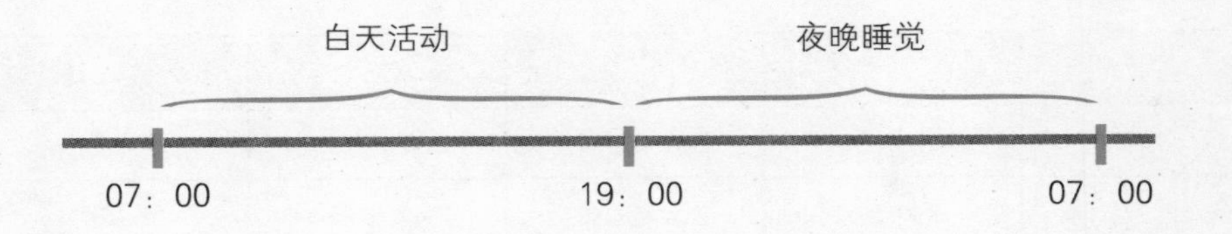

一开始除了要给孩子养成规律作息外，也要注意阳光和太冷太热的问题。需注意孩子睡觉期间不可以有阳光直射婴儿床，并营造出“日夜”，也就是晚上睡觉保持黑暗或开小灯，白天就是亮亮的（仰睡的宝宝白天还是需要关灯避免刺激无法入睡），配合光线，能帮助宝宝体内的生理时钟跟外面的昼夜时间一样。

如果你替宝宝安排的作息是很晚起床又很晚睡觉，到了夏天或白天就会受到温度和阳光照射影响，宝宝会越来越早起床。

钧妈碎碎念

很多人问我，可不可以拟定早上 11:00 起床、晚上 11:00 睡觉的作息呢？我的回答：很难成功！宝宝会越来越早起。人的生理时钟都是日出而作、日落而息。调整成 6:00~18:00 和 7:00~19:00，这两个作息最容易成功。理由无他，只因为这是太阳下山和升起的时间。

也许你会问：可是我先生都比较晚下班，很希望宝宝能够配合家人一起作息。根据我与身边朋友较晚作息（晚上 10:00）的成功经验，重点在于“房间”：让小孩房间位于不透光的房子中央，或是窗户装上隔热隔光的窗帘。

【步骤 2】决定第一餐

规律作息的宝宝夜晚往往有 10~12 小时的睡眠。你必须根据家庭需要来决定作息，假设早上 7:00 为第一餐，表示宝宝将会从晚上 7:00 或 9:00 睡到隔天早上 7:00，你必须在第一餐时叫醒宝宝喝奶开始白天的活动。

一、3小时作息

宝宝第二个月开始，假设 3 小时喝一次奶，一天则有 8 餐，7:00、10:00、13:00、16:00、19:00、22:00、1:00、4:00 为喝奶时间，1:00（第七餐）和 4:00（第八餐）为夜奶，决定早上七点为第一餐。

7:00	第一餐
8:00~10:00	第一段小睡
10:00	第二餐
11:00~13:00	第二段小睡
13:00	第三餐
14:00~16:00	第三段小睡
16:00	第四餐
17:00~19:00	第四段小睡
19:00	第五餐

20:00~22:00	第五段小睡
22:00	第六餐
1:00	第七餐（夜奶）
4:00	第八餐（夜奶）

等宝宝习惯作息后可以改成白天 3 小时喝一次奶，晚上 4 小时喝一次奶，每天 7:00、10:00、13:00、16:00、19:00、23:00、3:00，3:00 为夜奶（第七餐）。

母乳或仰睡宝宝建议从 3 小时喂一次奶开始。

二、4小时作息

宝宝第二个月开始，假如习惯 4 小时喝一次奶，一天则有 6 餐，7:00、11:00、15:00、19:00、23:00、3:00 为喝奶时间，3:00（第六餐）为夜奶，早上 7:00 为第一餐。

7:00	第一餐
8:00~11:00	第一段小睡
11:00	第二餐
12:00~15:00	第二段小睡
15:00	第三餐
16:00~19:00	第三段小睡
19:00	第四餐
20:00~23:00	第四段小睡
23:00	第五餐
3:00	第六餐（夜奶）

规律作息就是指“同一个时间做同件事”。多数新手妈妈会误以为定时喂奶等于规律作息，事实上即便 4 小时喂一次奶，假设每天都在不同的时间点，还是形同混乱作息。

举例来说：有位妈妈今天喂奶时间是 10:00、14:00、18:00、22:00、2:00、6:00。结果第二天不小心睡过头，早上 11:00 才起来喂奶，于是第二天变成 11:00 — 15:00 — 19:00 — 23:00 — 3:00 — 7:00。假设第三天半夜孩子 3:00 哭要奶，4:00 又哭要奶，结果妈妈以为四小时喂一次，第三天就变成 4:00、8:00、12:00、16:00、20:00、24:00，这样就乱七八糟，不知何年何月才能稳定作息。

重点是：不管几点喂夜奶，第一餐都是同一个时间，假设不小心作息打乱，下一段还是要调回来。

钧妈碎碎念

规律作息就是同一个时间做同件事，基于家庭需求，也能将作息在合理范围内（比方说喂配方奶还是不能短于 3 小时喂奶，宝宝肠胃才能消化）拟定成不同的模式，举例：在钧两个月时，因为我希望他能晚上准时睡觉，所以我给钧的喂奶时间为 7:00、11:00、15:00、18:00、23:00、3:00。提前 1 小时喂睡前奶，这样我才能抱钧休息一下再睡，也可以避免喂完直接睡造成大吐奶，虽然其他时间都是 4 小时喂一次奶，只有最后一次是间隔 3 小时，每天都是一样。

所以虽然不是整天都是 4 小时喂一次奶，而是 4 小时、4 小时、4 小时、3 小时，但是我每天都采用一模一样的生活规律（同一时间起床、喂奶、睡觉），这也是一种规律作息。

另外，为宝宝制订作息时，也必须观察宝宝本身的状况，这需要靠妈妈每天记录宝宝的生活作息，接着你就会发现宝宝每天睡眠时间总量大致相同，那你要做的就是配合家庭主动替宝宝规划、调整白天醒与小睡的时间，让他习惯固定的晚上上床时间和早上起床时间，而不是让宝宝自己调整生活作息，当你让宝宝在自由时间醒自由时间睡时，随着月龄增加，宝宝会越来越爱玩、越来越晚睡甚至白天都不睡，睡眠时数急速减少危害到宝宝本身的健康。

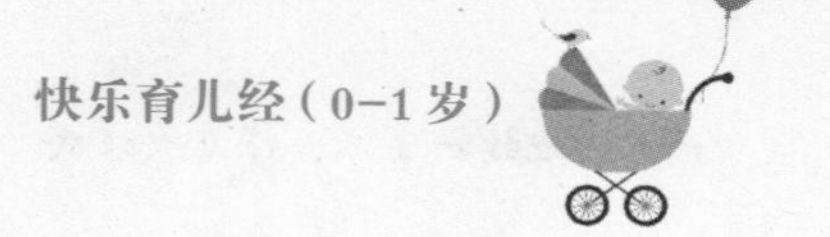

【步骤3】白天就是饮食、清醒、小睡三事

白天从第一餐喝完奶后，陪孩子玩一下，等孩子出现想睡、累的征兆后（打哈欠超过3次、揉眼睛、开始“欢”、不想再跟妈妈玩），让宝宝上床睡觉，小睡时间结束后再将宝宝叫醒喂奶。假如孩子喝奶时间到了还在睡，可以和缓地叫醒他，等他完全清醒或稍微清醒时就开始喂奶。

让新生儿保持喝奶时清醒或睡觉时叫醒，对所有的新手妈妈都是一件难事，因为新生儿不容易保持清醒或从睡眠中清醒，尤其是喝完奶肚子饱饱的时候。当你喂奶时，宝宝很容易喝着喝着就睡着了，妈妈要一边喂奶一边叫醒，你可以搔搔痒，动动小宝宝的手脚，把乳头（奶瓶）拉离宝宝的嘴边，把尿布打开，让他的屁股凉凉，用湿毛巾帮他擦脸，总之用各种方法让新生儿清醒着喝饱一顿奶。

如果真的很难叫醒，喝完奶后（这时候宝宝已经完全睡死），请你等约15分钟后再叫醒宝宝，接着陪他玩到累了后放入婴儿床睡觉（小睡）；此举可以让宝宝在进入口欲期时不会养成要含着乳头或奶瓶才能入睡的习惯。你要确认宝宝白天喝完奶后清醒且有充分活动，每餐奶都喝饱，晚上自然有个好睡眠。

。钧妈碎碎念

宝宝小睡时，你一定很害怕外面垃圾车音乐响起，或有人发出声音把宝宝吵醒。我曾经因为这样而对钧爸劈头大骂：你关门小声一点。也听过朋友去投诉要垃圾车经过他家时把音乐关掉。

教你一个小秘诀：白天宝宝小睡时在房间小声地放音乐（古典音乐、三字经等，挑你喜欢的），让他习惯白天在有声音的环境中睡觉，就不容易被吵醒。

我该怎么延长宝宝喂奶时间？

前面曾经提到：新生儿刚出生时是2.5~3小时喂一次。随着宝宝月龄逐渐增加，胃容量也会跟着增加，奶量也会变大，你可以在满月后或3个月后，将喂奶时间慢慢延长为4小时喂一次，但是到底该怎么延长喂奶时间呢？

1）和缓地延长喂奶时间：当宝宝能每次都睡到小睡时间结束才会醒来讨奶或每次小睡都需要你叫醒他时，就能试着改成3.5或4小时喂一次。

2）宝宝满3个月后，依然无法4小时喂一次，宝宝哭醒时，请你试着抱着哄哄他、跟他玩，分散他的注意力，等喂奶时间到时再喂。真的无法转移注意力或剩下15~20分就是喂奶时间，再开始喂奶，持续约一星期建立新的饥饿循环。

【为什么要拉长喂奶时间？】

你一定会有个疑问：就一直保持两三小时喂一次奶到吃副食品，.不可以吗？满3个月的宝宝吸吮力、胃容量都比新生时候大，如果还是保持两三小时喝一次奶，就像吃零食一样，每餐都不愿意一口气吃到饱，喝一点就不喝，除了妈妈会疲于喂奶之外，宝宝也很难戒掉夜奶。

可以和宝宝玩的游戏

小宝宝完全不会动，很多妈妈就不会跟他玩，甚至希望宝宝自己玩（别讶异！我曾经遇到新手妈妈询问该怎么教新生儿自己玩），以下是我曾经和钧玩的游戏，当然你也可以参考其他游戏。在刚喝饱奶、打完嗝，宝宝比较有

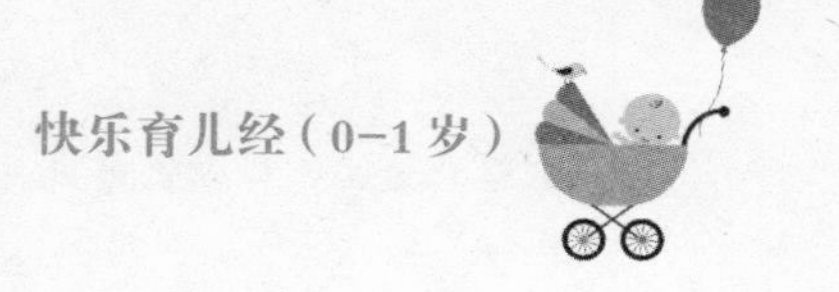

精神时陪他玩耍，消耗他的体力。

1）黑白卡：新生儿只能看见黑和白，黑白卡可以吸引宝宝的注意力。

2）音乐铃：因为新生儿无法看远的地方，我会降低音乐铃的高度。

3）做脚踏车运动：让宝宝仰躺在床上，握住他的脚像脚踏车一样前后踏，有助于促进宝宝肠胃消化。

等宝宝开始不耐烦时：可以抱着到处介绍东西，和他说说话，做婴儿按摩的运动。

钧妈碎碎念

宝宝的习惯往往需要妈妈的培养，钧从出生开始，喝完奶就算睡着，我还是会等一下后就把他叫起来玩。钧约 3 个月时，曾有临时保姆看到钧喝完奶居然不睡，感到非常讶异。

宝宝白天睡到一半起床哭，该怎么办？

前面都在谈论宝宝白天要饮食（喝奶）、清醒、小睡，想必会有妈妈产生疑问：婴儿都会顺顺利利在小睡时间睡到喝奶时间到才起床要奶喝吗？

一个没有哄睡习惯的婴儿，多数时间都会睡到小睡时间结束，只有发生异常状况时，才会用哭声来告诉妈妈，新生的婴儿不会说话，只能用各种不同的哭声来表达诉求。当你遇到宝宝白天小睡睡到一半开始哭时，身为母亲应该做的就是倾听他的诉求并处理，请你检查并判断是否是以下几个原因：

1）没喝饱奶，热量不够：哭声凄厉，而且白天每次都不到小睡结束就会起床哭想喝奶，你可以增加奶量，如果是亲喂母乳就要注意宝宝的体重是否增加缓慢，换尿布时尿布是否很轻。

2）太早放上床让宝宝小睡：这样宝宝会因为不够疲倦，无法睡到小睡时间结束,睡醒后会先睁一会儿眼（有的宝宝会先自己玩),接着开始无聊大哭。请延长跟宝宝玩的时间，晚点放上婴儿床让他小睡。

3）有外来的声音干扰、太热、太冷、大便等：婴儿体温偏高、易流汗，不建议在夏天穿得非常厚，可以试着室内维持恒温，白天放小声的音乐让宝宝习惯噪音，妈妈可以在宝宝哭起来时，用一根手指头伸进尿布确认是否因为大便而哭。

4）浅眠不小心醒来：0~3 个月的宝宝有睡眠障碍，浅眠清醒时常常无法再入睡，通常小哭 5~20 分就会再入睡，在前三个月，这种状况最为频繁，妈妈越不干预，宝宝学习从浅眠醒来又自行睡回去的速度就会越快。

5）仰睡惊醒（惊吓反射状况约 4 个月后才会改善）：包巾务必包紧，并将睡觉的房间电灯关暗，假如仰睡惊醒的情形越来越严重，妈妈可以试着缩短作息，3 小时喂一次奶，白天每段作息安排成喝奶加清醒 1~1.5 小时，小睡 2~1.5 小时。

6）胃胀气，需打嗝：没有哄睡习惯的孩子，假如醒来哭超过 20 分钟，双手握拳身体呈弓状，你可以把宝宝抱起来，用胀气膏按摩他的肚子。这种情况多数会发生在喂配方奶孩子的身上。

【步骤 4】晚上喝奶和睡觉

白天 3~4 次循环的喝奶、清醒、小睡后，宝宝已经非常疲倦，夜晚需要

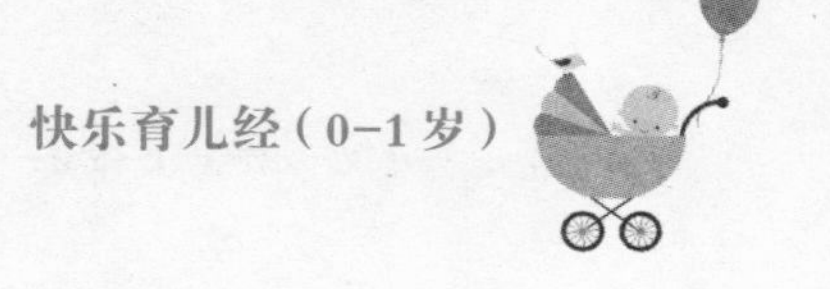

长时间的睡眠，但是在宝宝奶量和体力尚未达到能整夜不喝奶时（平均在出生后 7~16 周夜晚会自动不喝奶，以下简称戒夜奶），妈妈只需要让宝宝在夜晚喝奶、睡觉。戒夜奶的第一步，就是让宝宝习惯晚上都在睡觉。

如何让宝宝在夜间睡得更长更舒服？

1）将洗澡放在喝睡前奶之前或之后。洗完澡的舒服能帮助宝宝有更长的夜晚睡眠，少数宝宝洗澡后会更兴奋，则可将洗澡时间提前。

2）喂睡前奶后，不可以直接去睡觉，避免宝宝大吐奶。建议打完嗝、直抱或休息一阵子（但是不玩耍）后再让宝宝睡觉。

3）夜晚房内保持黑暗或开小灯。晚上无论夜间喝奶（以下简称夜奶）几次，都要喝完奶、打完嗝就直接睡觉。夜晚就是喝奶、睡觉两件事情重复，不让宝宝有醒着的机会，直到第一餐。

【步骤 5】预留延长睡眠的夜晚时间

在替宝宝规划作息时，注意不能用大人的作息思考，大人晚上只需要睡 8 小时或更少，但孩子却需要睡 10~12 小时。

3 个月前，宝宝夜晚会连续睡 3~8 小时且中间不需喝奶；三四个月后，宝宝会少吃一餐，其中一段小睡会和晚上 8 小时连接起来，夜晚连续睡眠会延长至 10~12 小时且中间不需喝奶，你在 3 个月前就能预先规划延长睡眠的时间，要延长至 10 或 12 小时，将该段小睡时间纳入夜晚睡眠，让宝宝在这段时间都在喝完奶后、打嗝、睡觉，不清醒玩耍（详细做法请见第三章〈4 延长夜间睡眠〉）。

举例：

小英的妈妈一开始没想到要预留，让小英早上 5:00 第一餐、晚上 9:00 上床睡觉；结果 3 个月后发现小孩能睡更长时，宝宝已经（注：因为生理时钟的关系，多数的孩子都会习惯早上在固定的时间起床）习惯早上 5:00 起床，只能提前让宝宝睡觉（下午 5:00 或晚上 7:00 上床睡觉），结果提前让宝宝睡却无法让爸爸跟小孩玩。

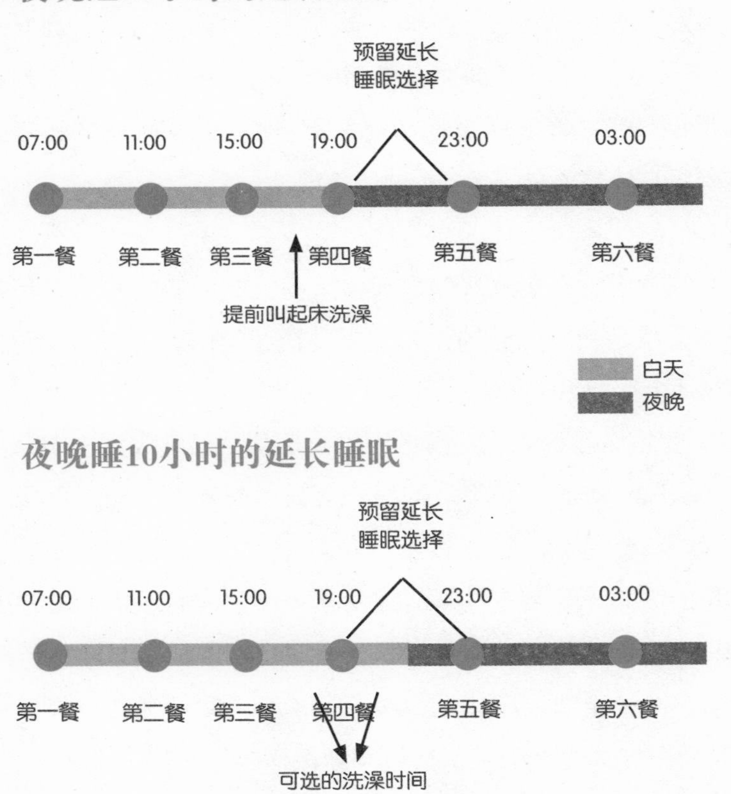

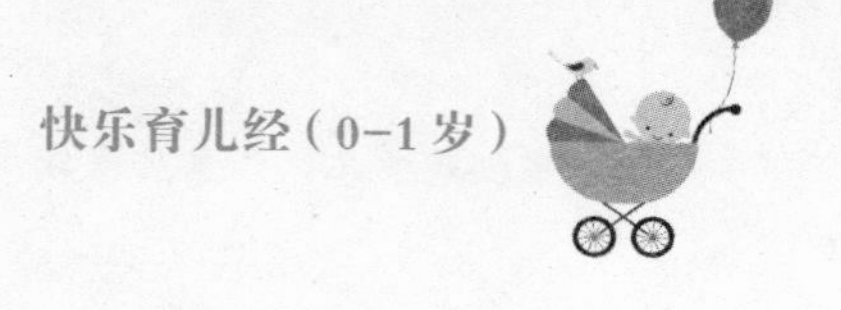

【步骤 6】养成记录宝宝状况的习惯

记录宝宝的生活状况非常重要，可以帮助你更快了解孩子的睡眠时间长度、喝奶的状况，能够帮助你弄清问题。

Angel 妈妈在 Angel 出生后，会画一个图表记录哭的时间、次数，只要哪次小睡提前起床哭，他就打一个叉并记录他何时上床睡觉、睡觉时长，很快就会发现其实 Angel 每天总睡眠数是固定的，只要删减某些睡眠时间就会睡过夜，且慢慢妈妈也发现所打的叉越来越少，Angel 的睡眠也越来越稳，这让妈妈建立育儿的信心。

该怎么判断宝宝喝奶及玩耍需要多久呢？有妈妈问我：我是亲喂母乳，每次喂奶都要喂到 40~60 分钟，且宝宝是边睡边喝，这样也是让他玩到打 3 个哈欠就放他上床吗？

满月后，宝宝会逐渐延长清醒的时间。假如用打哈欠和宝宝疲累状况（揉脸、有点“欢”），对于经验不足的妈妈容易判断错误，建议可以改用清醒时间的计算方式。

还是要按妈妈观察宝宝疲累的程度让宝宝睡，有些宝宝通常随着夜晚逼近，能够保持清醒的时间也会越短，也有些是早上比较想睡，大原则就是只要宝宝很累了就一定要上床睡觉，否则过累会无法入睡、哭得更长更凶，清醒时间的计算方式只是辅助新手妈妈判断该何时让宝宝上床。

清醒时间的计算需要妈妈平时细心地记录，请务必记录宝宝的生活作息，你会发现宝宝每天的睡眠和清醒时间其实大致相同。

举例一：

假设在两个月的时候，通过记录，我了解到钧可以清醒约 80 分钟，钧就算边睡边喝花了 10 分钟，那么我叫醒他后就可以知道大约玩 80 分钟就可以放他去睡。此段吃＋玩＝ 90 分钟。

举例二：

假设钧喝奶不小心睡着了，我放着他睡 10 分钟（因为叫不起来），10 分钟后叫起床，根据记录还是可以再玩上约 80 分钟。此段吃 + 玩＝ 10+10+80 分钟。

举例三：

假设钧超有精神，10 分钟喝奶时间都没有睡着，喝完奶后一样清醒，根据育儿记录，表示接下来再跟钧玩约 70 分钟就好。此段吃＋玩＝ 10 ＋ 70 ＝ 80 分。

像钧是瓶喂的，喝奶时间只有 10~20 分钟，剩下都在陪他玩，我在钧满月后就把他喝奶加玩的时间从 1 小时 10 分钟慢慢延长，不到两个月时就已经可以喝奶加玩共 1.5 小时，每次会跟他玩到快眯眼或想睡时，再让钧上床，如果发现钧哭太久就表示玩太累，下段让钧早点上床，逐渐每段小睡就会平均一样的长度（妈妈主动调整小睡时间，让小睡时间每段差不多长），3 个月后钧喝奶加玩两小时，不管累不累都可准时让宝宝上床睡觉，因为他已经习

惯上床就是睡觉，也会清醒着喝完奶。

亲喂母乳宝宝往往因为喂奶的时间较久，边睡边喝，故喝完奶完全叫醒宝宝后陪他玩有可能撑得比较久，满月后有可能从吃 + 玩 1.5 小时开始起，两个月后有可能变成喝奶＋玩两小时；但是随着吸吮力的进步，3 个月一样是喝奶 + 玩共两小时。

最后一次小睡该何时叫宝宝起床洗澡喝奶，也能用同样的方法。假设经记录了解宝宝约可以清醒 60 分钟，而我打算晚上 7 点让宝宝上床，那我应该在晚上 6 点完全叫醒宝宝起床洗澡和玩。

例如：

15:00	第三餐
16:00~18:00	第三段小睡
18:00	起床 + 洗澡
18:30	第四餐（睡前奶）
19:00	上床睡觉

以下是范例，你也能用你的方式记录，记录表会帮助你得到宝宝更多信息：

钧妈的瓶喂育儿记录

时间	作息	哭或没哭	状况
7:00第一餐	吃（瓶喂120毫升）		喝完奶会哭，好像喝不够
7:30	玩		

8:30~11:00	睡	X	入睡哭20分钟
11:00第二餐	吃（瓶喂120毫升）		
11:30	玩		
12:30~15:00	睡	C	睡到一半哭了10分钟后又入睡
15:00第三餐	吃（瓶喂120毫升）		
15:40	玩		
16:30~18:40	睡	O	玩太累，没哭就睡着，好像可以再多清醒10分钟
18:40	洗澡		
19:00	吃（瓶喂150毫升）		
19:30	玩		玩不到30分钟就想睡
20:00~23:00	睡	X	可能太累哭了30分钟
23:00	吃		叫清醒10分钟后才喂奶
23:30~07:00	睡		夜奶为4:00，比较晚才讨奶

___月___　总睡眠数：17小时40分钟　入睡哭：X　不哭：O　睡到一半哭：C

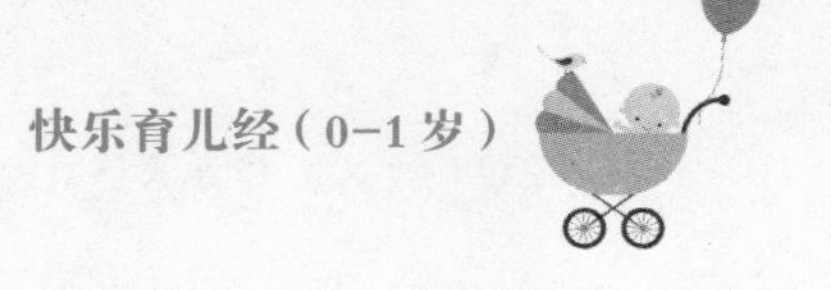

3 规律作息应该具备的观念

当你决定宝宝该何时睡、何时醒，开始执行规律作息时，长辈亲友会跟你说：又不是军人或机器人，干吗定什么规律作息，就让他想睡就睡，想喝奶就喝奶。会说这些话，表示他并不懂得婴儿安全感的建立源自规律作息。

【观念1】为什么要制订作息表？

有些妈妈是采取天然的养法，完全由宝宝的肚子来决定喝奶时间，全凭宝宝的哭声决定要不要喂奶，不能说这样的做法不好，只是对一个新手妈妈而言，会完全搞不清楚宝宝哭是肚子饿还是人不舒服，且时间完全被小孩绑住，连洗澡吃饭都难兼顾，假如家人、丈夫愿意帮忙最好不过，但如果偏偏只有妈妈一个人独力照顾小孩可怎么办呢？疲倦不堪的母亲会渐渐在束手无策的状况下采用一切能让宝宝安静下来的方法：哄睡、喂奶喂到睡着……这样的照顾方式会让一个忧郁的母亲更陷入忧郁和疲倦。

若是引导孩子有规律地饮食和睡眠，让宝宝自然养成固定的饥饿循环，在固定时间想睡觉，母亲不但可以预期孩子的状况来了解宝宝是肚子饿或是生病，也可以在宝宝睡觉时安心洗澡或休息。在规律生活中长大的孩子会充满安全感和快乐，母亲也因为能充分休息而花更多心思去想如何给孩子更好的教养生活，有快乐的母亲才有身心健康的孩子。

懂得制订作息表的妈妈，不管生几个都可以得心应手，因为她知道几点该替哪个孩子喂食，几点该让哪个孩子睡觉，不会一直心惊胆战，一听到孩子的哭闹声就手足无措，因为孩子和你都知道哪个时间点该做什么事。规律生活的孩子睡眠都比一般孩子多，且一定可以很早就有10~12小时的夜晚稳定睡眠，毕竟夜晚一直睡觉不喝奶是一种习惯，睡得好的孩子情绪相对稳定、身体健康，而且吃得多、食欲好。

【观念2】习惯是可以养成的

例如，你每天都需要早上7点上班，每天闹钟固定设在6点，某一天你忘记设闹钟，但是一样会在6点醒过来，这就是生理时钟。

也许外人会说：你是不是想控制小孩，只想要自己轻松，把自己的快乐建立在小孩身上，小孩真可怜。

0~1岁的宝宝很重视规律、习惯、固定物，喜欢属于自己的固定小床、睡觉的地方、固定的生活环境、安抚物、入睡方式等。讨厌不规律、随意改变习惯、任意改变生活环境，这些都容易让宝宝惊恐哭闹。

规律感能让宝宝犹如在母亲怀中，像听心跳声一样，规律作息是为了让宝宝有稳定的睡眠和饮食，所以在吃饱睡好的情况下，宝宝情绪就会很稳定，不太会乱哭、乱闹。规律作息的孩子在母亲不变的态度下（所有你替宝宝养成的习惯不任意替他改变），安全感是非常高的。

吉娜·福特在所著的《宝贝你的新生儿》第六章谈到：确定宝宝的固定

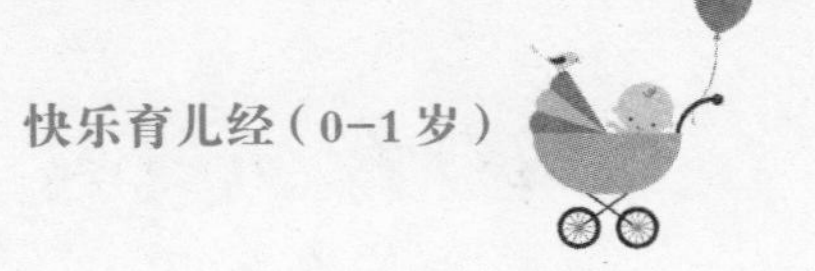

作息；崔西所著的《超级婴儿通》也谈到规律对宝宝的重要性；伊莉莎白·潘特莉所写的《宝宝不哭睡眠法宝》也谈到要有规律的日夜作息；西尔斯写的《亲密育儿法》也同样提到：适时对宝宝进行睡眠制约，为其固定睡眠时间。由此可见规律对婴幼儿的重要性。

培养良好家庭习惯对父母、家人、孩子同等重要。我的朋友在钧十个月时来家里做客，当时钧刚好要睡觉，他看着我们唱完睡前儿歌后钧就乖乖睡着，当时本来还在说我家军事化管理之类的，看到钧翻一翻身就睡着后，不禁感叹他家宝宝都必须要妈妈一起陪着哄睡，还要摇很久才愿意睡，每天晚上像战争一样，而羡慕起我家。

我们同时身为母亲、妻子等角色，除了照顾孩子，也应该让丈夫参与照顾，更重要的是让丈夫感受到妻子并非被孩子抢走，而是与他共享。孩子睡着后，就是我与丈夫谈心、维系夫妻感情的时间。

规律作息的常见错误

新手妈妈带一个新生儿，通常都是疲惫不堪，往往会急着想达到目的，忽略婴儿本身实际状况。

一、一定要让宝宝晚上睡12小时×

晚上的睡眠长度决定于宝宝体力和家庭实际的状况，故宝宝晚上能睡 10 小时以上就算及格，剩余的时间可以挪到让宝宝早上小睡。

二、一定要4小时喝一次奶×

最重要的是宝宝白天一定要每餐喝饱，才有助于晚上有长的睡眠，假如宝宝无法撑到 4 小时才喝奶，就会造成每餐都提早哭饿。应该缩短喂奶间距，

3~3.5 小时一次。

三、一定要喝奶（饮食）—清醒—小睡×

作息要配合家里，你也可以定为喝奶（饮食）—清醒—小睡—清醒，只要每天按同样的规律执行即可。

例如我替钧（两个月时）制订长睡眠前的作息为：

时间	作息
15:00	喝奶
16:30~17:30	小睡
17:30	洗澡、玩
18:00	喝睡前奶
19:00	上床睡觉

四、怕宝宝不睡觉或无法睡过夜，白天拼死不让小孩睡×

很多新手妈妈都唯恐小孩睡太多，造成宝宝晚上不睡；或听信老人家说：“黄昏以后就不准睡，晚上会好睡。”完全忽略宝宝在 6 个月前都是睡很多，虽然婴儿一直哭想要睡还是拼命吵醒他，不让他睡。

请谨记一句话：“白天小睡越好，晚上就越好睡。”过度疲累反而会无法入睡。

钧妈碎碎念

我在刚开始带钧时，曾听信老人家说：“太阳下山后不要让小孩睡，晚上自然会睡得好。”结果从黄昏后就不敢让钧睡，钧想睡而号啕大哭，且喝完睡前奶后过度疲累无法自行入睡，长睡眠前都要哭很久才能入睡，后来母性的直觉发觉这样不对而更正才改善。

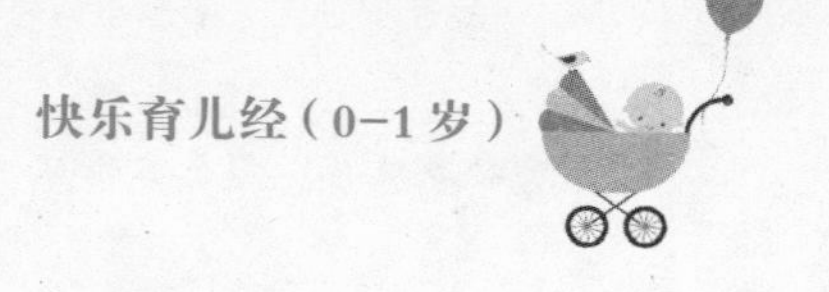

五、掉入规律作息的陷阱×

很多新手妈妈在一开始带新生儿时，宝宝白天都可以稳定规律喂奶，宝宝不需安抚就会自行入睡；但是到了夜晚就完全失控，宝宝每个小时起来哭，每隔一两小时妈妈就要喂奶，如果不喂奶，宝宝就会大哭到喂奶时间到，完全搞不懂原因。

宝宝是个很奇妙的生物，会自行调整一天所需要的奶量，白天如果没有喝到满足身体所需的奶量、热量，晚上就会频繁要奶，慢慢恶化为日夜颠倒。建议缩短白天的喂奶时间，或是增加白天的每餐奶量。

另一个让母亲放弃规律作息的陷阱是：从饿了就喝改成定时喝奶时，宝宝喝奶的量并未改变，他已经养成每次都喝少量奶的习惯，不会一口气喝到饱（像在吃零食一样），致使白天没有喝到足够的奶量、热量，夜晚开始频繁要奶；母亲也会觉得比原先状况更糟而放弃。建议白天缩短为 3 小时喝一次，晚上 3~4 小时喝一次奶，强迫宝宝习惯，而且一定要喝饱每餐奶，用 7 天的时间让宝宝逐渐习惯定时喝奶。

宝宝常见的 3 种哭闹

一、黄昏时的哭闹

非常多的宝宝在第三或第四段小睡时（接近黄昏，一定在固定的时间发生），睡不到 30~40 分钟就会起床大哭，或是整段睡眠从入睡开始都在哭，不愿意睡觉。好发时间多在黄昏，我称为黄昏时的哭闹。

宝宝会自行调节对于睡眠的需求，一种情形是宝宝在其他时间睡太多时，在最后一次小睡会睡不长，睡 30~40 分钟就醒来不愿意再睡，开始大哭；

另一种情形是宝宝整天重复醒和睡，虽然每次都有小睡，但是疲劳一样在累积，宝宝越累会越睡不好，到了第三或四次小睡时就会累得无法自行入睡，妈妈一放到床上或睡几分钟就开始大哭。

这是正常的现象，不用强迫宝宝在这段时间睡觉，妈妈一听到宝宝哭就可以立即抱起来哄、安抚或陪他玩到下一次喝奶，如果宝宝累到不小心睡在你的身上，你也不用担心是否会养成哄睡的习惯，这是宝宝的身体需求，妈妈需要解决宝宝需求，就让他在你身上睡一下。

黄昏时的哭闹的特征是：抱起来哄就会停止哭泣。

你一定很受这种哭声困扰，该怎么改善呢？

1）假如宝宝在黄昏时的哭闹反应是一放上床就大哭（其他时段都很正常入睡），你可以试着增加其他段的小睡时间。

2）假如宝宝黄昏时的哭闹是在第四段小睡，可以将第五餐一天比一天提前，等第四餐和第五餐很接近时，就能省略第五餐。

假设按晚上睡 10 小时的作息，宝宝却老是在第四段小睡发生黄昏时的哭闹，妈妈可以抱起来安抚，并将第五餐每天提前 10~15 分钟，等第五餐和第四餐很接近时就能试着省略掉第五餐。

7:00	第一餐
8:30~11:00	第一段小睡
11:00	第二餐
12:30~15:00	第二段小睡

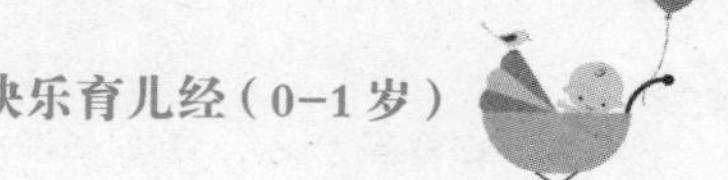

15:00	第三餐
16:30~19:00	第三段小睡
19:00	第四餐
20:30~23:00	第四段小睡
23:00	第五餐

会在黄昏时哭闹的宝宝在黄昏时会消耗掉更多体力，自然也比一般宝宝更快睡过夜，夜晚会睡得更安稳，妈妈也不用太过紧张。

二、肠绞痛的哭闹

肠绞痛也同样好发在黄昏或固定的时间，肠绞痛为0~5个月宝宝的好发现象，不是一种病，只能称为“症候群”（注：目前小儿科医师对于此症有多种解释，欲知其详可询问医师或参阅相关书籍）。肠绞痛的宝宝哭时会发出尖锐的声音，一直大哭，双手握拳，背弓起来，与黄昏时的哭闹并不同，就算妈妈抱起来摇、抱、哄都不会停止哭泣。

有的宝宝被直抱就会好一点，有些宝宝无论如何哄、如何抱都会继续哭，会一直哭到筋疲力尽才会停止。建议看一下医生确定是否为其他病状：肠套叠、幽门闭塞等。

虽然西医会开一些药让宝宝舒服一点，吃就不会哭，不吃又继续，这并不是解决的方法。建议只要耐心地陪着宝宝度过这段时期就好，它并没有后遗症，反而像自然的现象，平时多帮宝宝按摩，瓶喂注意排气，陪着宝宝度过这段时期即可。

三、日夜颠倒的哭闹

日夜颠倒是很多妈妈会遇上的状况，有可能是白天让宝宝长睡（4~6 小时），以致婴儿将夜晚视为活动时间，到了夜晚喝完奶或睡醒后，眼睛睁得老大，开始找大人陪他玩，或没人陪他玩无聊就开始哭闹。

错误的戒夜奶方式也会导致日夜颠倒。有些妈妈急于让宝宝戒夜奶，以为放任宝宝哭就好，宝宝声嘶力竭哭一整夜后筋疲力尽，就在白天补眠，大白天喝完奶叫不醒，渐渐变成白天睡觉，晚上清醒活动。

10 个新手父母的常见问题

一、规律作息会导致孩子未来缺乏抗压性及弹性吗？

不会。理由就是孩子不会过着永远规律的生活，妈妈也是随着月龄渐渐调整宝宝清醒、饮食的时间，这是有弹性的。孩子是人不是机器，育儿之初之所以要规律，是为了调整孩子的生理时钟，让妈妈和孩子都找到可以安心的规律生活，孩子发生异常状况，妈妈能轻松发现并及时处理。有些妈妈觉得婴儿要抱在怀里、背在背上才是给孩子安全感，结果孩子只要短时间离开妈妈就会产生极大的不安感（环境被改变），反而抗压能力低；但是规律生活不将孩子 24 小时抱在怀里也可以给他安全感，因为孩子知道妈妈可以随时随地了解他并满足他的需求，抗压能力也较高。

二、规律作息→自行入睡→戒夜奶，为什么是作息最优先？

规律作息是戒夜奶的最佳捷径，必须先规律作息并让宝宝白天活动、夜晚长眠。当宝宝习惯晚上是长长的睡眠后，身体能负荷长时间的夜晚睡眠时

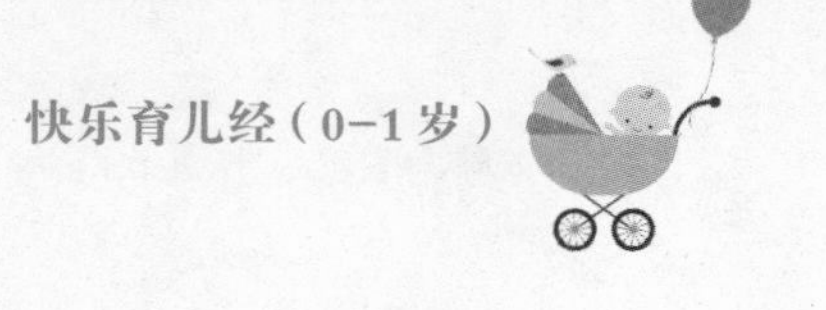

自然不再需要起床讨奶喝。作息调整得好，整个育儿过程就会很顺利，新生儿喝完奶玩累后不太哭就会自行入睡，作息调整很好的宝宝也可以很轻松就学会自行入睡。

发生问题时，也同样要将问题一一检视，因为宝宝不会说话，更需要妈妈细心观察，一旦规律作息做得好，自行入睡、睡眠训练就会较顺利且宝宝哭声会降到最低。

三、为什么宝宝要入睡时都会一直摩擦脸（左右一直转）、摇头（左右转）或摩擦后脑勺（仰睡），这样鼻子会不会压扁或磨破皮?

新生儿入睡时都是先浅眠而后进入深眠，想入睡时并不会闭上眼睛，反而是眼神呆滞,开始摩擦床单或趴着摇头。建议铺床的浴巾尽量不要用新的，即便是新的也要多洗几次，让浴巾柔软一点，这样不容易磨破皮。

四、要定时喝奶，也要定量喝奶吗?

不用，宝宝跟成人食量一样也会忽大忽小，喂奶到宝宝不愿意再喝就不要再喂。

五、把手靠近宝宝脸颊放到宝宝嘴唇上，他会出现循乳、吸吮动作，这是肚子饿的意思吗?

不一定！这称为觅食反射与吸吮反射，是天生的，常让新手妈妈误以为宝宝想喝奶；有些妈妈也经常误将宝宝因浅眠醒来不再入睡、不舒服、尿布湿而发出的哭声当成肚子饿的哭声，听到哭声就赶快喂奶。让宝宝的身体自然养成固定的饥饿循环，宝宝肚子饿的哭声都会在你预期的时间点发出，你也更容易察觉到宝宝的异常状况，不会手忙脚乱，一整天都在喂奶。

六、应该由母亲调整作息还是由宝宝调整作息？

很多新手妈妈在生之前会很认真地看育儿书，但是生完后常以失败告终，原因常在于制订了自认为适合“自己”的作息，硬要宝宝适应，宝宝却无法配合，一直大哭。

也有些妈妈非常顺从孩子，觉得宝宝白天要睡就让他睡，结果白天让宝宝睡 6 小时，晚上跟宝宝玩到天亮，日夜颠倒！晚上 11 点到凌晨 3 点是胆经跟肝经排毒时间，以及生长激素分泌旺盛的时间，必须熟睡，所以如果你跟宝宝都长期晚睡或昼夜颠倒，身体就会感到虚弱。在这种情形下顺从孩子反而是害孩子。

宝宝就像一位入住到你家的新成员，试想：你家里有间房间给朋友住，但是朋友的习惯是每天半夜弹琴，你会选择请朋友改成白天弹琴，还是晚上任由朋友弹，自己白天睡觉？还是各退一步找一个彼此都能接受的时间点弹琴？

作息应以母亲为主、宝宝为辅。母亲记录观察宝宝情况和家庭生活，制订一个宝宝能配合的作息，再随着月龄调整。规律作息不是一味迎合宝宝，让全家人以宝宝为中心生活；也不是妈妈强制建立作息，即使小孩哭泣不止也不理会，而是建立全家都能协调的作息。

七、宝宝生病该维持作息吗？

不需要！假如宝宝只是轻微感冒，能维持原作息就维持；如果不能就以宝宝的状况为主，等病愈后再调整回来。

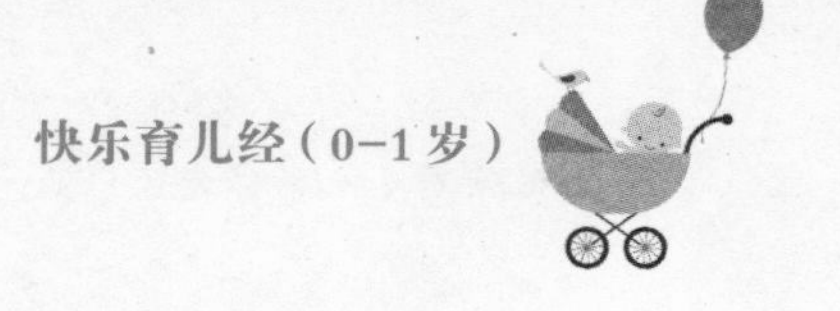

八、该定时喂奶还是饿就喂？我害怕过度喂食，不敢给宝宝喝太多奶！

亲喂母乳的妈妈最常出现的疑问就是：“固定喂奶会不会让我退奶？”、“宝宝会不会饿？”、“我的奶会不会不够？”、“他哭是不是又肚子饿？”等等。我接触的妈妈中，亲喂母奶或喂母奶的超过半数。

曾有新手妈妈跟我说，一开始宝宝隔 1 小时就哭，哭就给奶，加上宝宝口含姿势不正确（她自己不知道），乳头破皮，无法忍受，她下定决心间隔长一些并在固定时间亲喂母乳，确认让宝宝喝饱，也让自己有足够的时间休息，慢慢了解宝宝何时是真的肚子饿而非需要安抚。这位妈妈现在宝宝一岁多了还在亲喂母乳。

另有一位妈妈，一开始宝宝始终很难亲喂，自己也因为太累而奶量急剧减少，别人都建议她：小孩饿就喂，整天挂在身上就有奶。这个举动反而让她罹患严重的忧郁症，当时我给她的建议就是放轻松，先把母乳挤出来瓶喂然后再补配方奶喂饱，到了 4 个月时，她又亲喂，一直到一岁半才断奶。

从以上两个例子可以了解，亲喂的妈妈要对自己有信心，相信自己喂得饱宝宝，一开始设定为 2.5~3 小时喂一次，慢慢延长时间间隔。

另一方面，瓶喂妈妈最害怕过度喂食宝宝，只要宝宝溢奶就不再加量，甚至减量，这是错误的想法。必须让宝宝确实喝饱，喝饱才能有稳定的睡眠。

例外的状况：假设 4 个月内喂的奶量会让宝宝连续 5~6 小时不再讨奶，建议少喂一点让宝宝可以 4 小时喝一次，确保白天摄取足够的热量。

九、宝宝暂时让别人帮忙带，结果把宝宝的作息弄得一塌糊涂，该怎么办？

习惯需要长期养成，前 3 个月建议保持一样的环境和作息，假如妈妈临时需要拜托家人带，却弄得乱七八糟，也请不用担心，再调回来即可。

十、我的宝宝刚满月，按本书睡眠时间表，我该让宝宝醒1小时还是1.5小时？

刚满月的婴儿多数只能醒 1 小时，请你一点一点慢慢延长清醒时间，比方说这星期可以醒 1 小时，下星期可以试着醒 1 小时零 10 分钟，不用强迫宝宝一直醒到过累，累了就让宝宝上床睡觉。

第三章

0~3 个月：带宝宝融入家庭生活

1 如何教 0~3 个月的宝宝好好睡觉

睡眠时会产生荷尔蒙，孩子从小养成自己入睡的好习惯，使整个睡眠完整，对孩子的成长和健康非常重要。

从小有良好睡眠习惯的宝宝，夜晚都能有长达10~12小时连续稳定的睡眠。

理想的状况是新生儿从出生起就不哄睡，后面自然也不需要训练自行入睡，入睡哭泣的时间也会很短，妈妈替宝宝养成不需哄就能自己入睡的习惯。

多数的育儿书都会跟你说："宝宝累了就放在床上睡觉。" 新手妈妈通常看到这句话会误解为：原来这么简单就能带好宝宝，放到床上宝宝就会安安静静地睡觉。然而想象常常与事实相反，让新手妈妈沮丧不已。

究竟该如何教宝宝好好睡觉？以下提供 5 个步骤。

让宝宝睡好的 5 个步骤

【步骤1】睡眠环境的营造

1. 建立睡前仪式

每次睡觉（含白天）都建立一个简单的睡前仪式，或是只有晚上睡前举

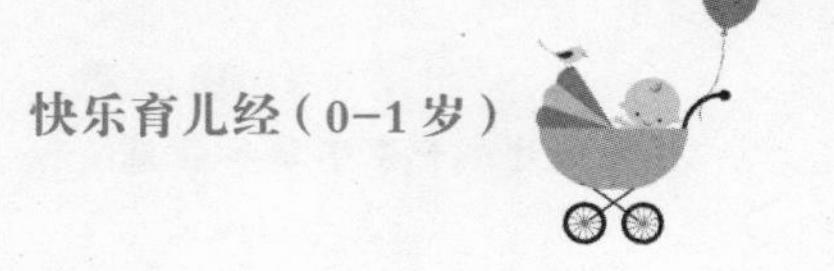

行睡前仪式，用意在于告诉宝宝：你该睡觉了！等宝宝渐渐长大，你和宝宝会越来越喜欢这段时间，这段时间会是你和宝宝相处最亲密的时间。

2. 给宝宝一张婴儿床

我不鼓励“亲子共眠”，即使母亲小心翼翼，然而和宝宝一起睡大床的人不只有母亲，还有爸爸或亲人，一不小心就会压到小孩导致窒息。也由于我们夫妻体型较大，我们会格外注意婴儿要睡婴儿床。有些新手妈妈贪图方便，将小孩放在弹簧床上与大人共眠，大人床上的大棉被、大枕头，很容易使婴儿一个翻身就被闷住或趴睡，被过软的床铺闷住口鼻，这些无疑是将孩子置于险地。准备一张婴儿床，上面不要放多余的东西，将婴儿床靠近母亲的床边就能随时注意及照顾小孩。

钧妈碎碎念

在我家，睡前会唱三次《一朵小野菊》儿歌，钧会亲亲妈妈，妈妈也会亲亲钧。钧1岁后，我还给钧读故事书。睡前仪式在1岁前大致相同（有时候钧会跳《一朵小野菊》的自创舞），1岁后则能视家庭和宝宝的状况延长、缩短、微幅变更睡前仪式。

【步骤2】让新生儿习惯睡婴儿床的诀窍

快睡着时让孩子“看到是睡在床上”的。你跟宝宝玩累后，确认宝宝眼睛还有些微睁，让新生儿眼睛看到自己睡在床上（哪怕已经快睡着或有很浓的睡意），这就是习惯睡婴儿床的诀窍。

习惯睡婴儿床的宝宝睡眠质量会非常高，从上床就能一觉到天亮，妈妈不用担心宝宝不睡觉。

【步骤3】有限度地哭泣入睡

让孩子玩累后，放上床睡觉，0~3 个月的宝宝没有办法靠活动消耗体力，让他小哭到感觉疲累而自己睡着，过一段时间他会找到自己的手指并吸吮入睡。教宝宝自行入睡，不同状况的宝宝用不同的方法：

1. 没有哄睡习惯的宝宝

前 3 个月，宝宝入睡时会哭 3~20 分钟，20 分钟就是新生儿入睡所需时间，自然也会慢慢学着“我累了，闭上眼睛就会睡着”。如果孩子还是无法入睡，就代表有异常情况，母亲应该检查婴儿状况。如果从宝宝出生开始就不哄睡，宝宝哭的程度就会降到最低，往往不到 5 分钟就入睡。

入睡哭 20 分钟仅限于 4 个月内的婴儿，3 个月前是宝宝的睡眠障碍期和习惯养成期，3~4 个月后的宝宝入睡不会再哭泣，起床时也会给妈妈一个睡饱的微笑。

2. 有哄睡习惯的宝宝

宝宝喝完奶、玩到累后就把他放到床上睡觉，接着宝宝会哭着要你哄他睡而哭到睡着，记得要记录哭泣时间长度，确认宝宝是否在学习和进步。这种类型的哭泣会强烈且持续，家人要有容许宝宝哭的共识，给妈妈一星期的时间为自己和宝宝改变入睡习惯。超过一星期如无进步且依旧混乱，请停止并找出错误的地方。

你一定会问，除了放着哭，还有更好的方法吗？你可以按宝宝的个性采取不同的做法：

注意：仰睡宝宝要小心，哭泣时
眼泪是否进入耳朵引发中耳炎。

1. 好带的宝宝

好带的宝宝个性温和，奶量较小，哭声也小，实行规律作息时能很快配合。

入睡时采用缓和方式，宝宝开始哭时，等 20 分钟再抱起安抚，冷静后再放上床，如果还是继续哭，下一次则等 30 分钟、再下一次则等 40 分钟……慢慢拉长时间。

假如宝宝个性略为坚持，入睡哭 20 分钟后抱起来确认是否有胀气、尿床等问题，以后就不再抱起安抚。

2. 难带的宝宝

难带的宝宝哭声洪亮、个性固执、不容易调整作息，在带这样的宝宝时，妈妈一定要确立心中的目标：让宝宝学会自行入睡，且坚持到底。

作息定好后，先用 5~7 天让宝宝适应作息，一分一秒都不差地遵守作息，放上床睡觉后就坚持时间到才将宝宝抱起喂奶。假如妈妈觉得哭声难以忍受，请你待在房间的一角，哭到较小声时，不将宝宝抱起来，只摸摸宝宝的头或说说话，5~7 天后要确认是否有进步，再按宝宝状况修正作息。

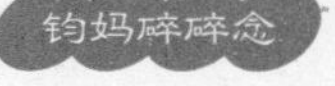

一般妈妈会误以为哭会一天比一天时间短，事实上刚好相反，宝宝会越哭越久，达到高峰时才会越哭越短。对于婴儿哭声，哪怕他只哭 15 分钟，你也会觉得好像哭 1 个小时或好久好久，如果你仔细记录，可以发现事实不是这样。

【步骤4】小哭观察，大哭才处理

有些有经验的妈妈会告诉你：宝宝肚子饿时大哭，你不需要惊慌失措，就让他哭一下，冷静地准备喂奶就好。身为新手妈妈，你听起来会觉得不可思议，但这就是带宝宝的秘诀：冷静！宝宝开始睡觉或睡到一半时小哭或发出声音，不需理会，不要干预宝宝的睡眠。如果宝宝不小心小吐一口奶（口水）在床上，你可以趁他熟睡时把他轻轻移到干净的另一边，等他清醒时再换床单或浴巾。

【步骤5】在旁边观察、判断

刚出生的宝宝视线只有25~30厘米，第二个月约60厘米，到了3个月时视线约300厘米，到了4个月时视力焦点才能集中；所以妈妈在宝宝要睡觉时，并不需跑到房间外面（除非你有事要做），直接坐在房间的一角，在宝宝的视线外即可，以便随时照顾宝宝或做判断。钧在婴儿时期睡觉，3个月前，我都是坐在婴儿床的死角，开台灯看书或看电脑。

晚上喝完睡前奶入睡后，建议将婴儿床拉到母亲床的旁边，让妈妈可以随时注意宝宝的状况。

让宝宝睡好觉的几个常见错误

一、放任孩子哭泣×

请谨记：没有一个育儿专家会告诉你可以放任孩子哭泣3~5小时。新手妈妈常犯的错误就是放任孩子哭3~5小时，或舍不得孩子哭就不停地抱着、哄着。

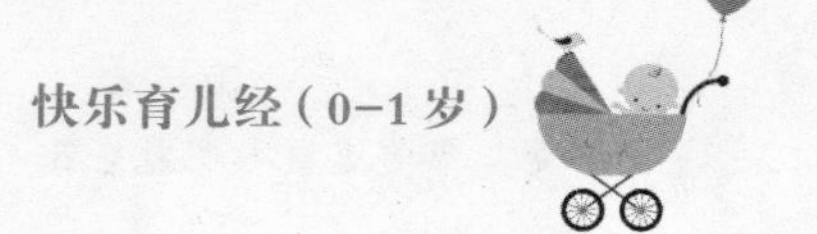

适度地让孩子哭反而有益处，也是一种运动，不要剥夺宝宝这项权利，同时也可以让母亲去观察孩子的需求。多数新手妈妈生下孩子后，都是靠哭声了解宝宝的需求，“不让孩子哭不代表母亲必须妥协，也不代表孩子从此会以哭为武器，让孩子哭也不代表你是个坏妈妈”。面对孩子的哭，不要有罪恶感或担心孩子没有安全感，正确的做法应该是当孩子哭泣时，先冷静地判断原因，再针对问题处理。

二、从此不让孩子哭×

很多妈妈在孩子哭得正激烈的时候抱起来，这时孩子因为活动导致肌肉发抖，结果大人就判断孩子没有安全感，从此不让宝宝哭（网络上有很多针对孩子哭泣入睡理论的抨击）。不要把母亲当“操”（超）人，要求她 24 小时抱着孩子；适度让宝宝哭泣能帮助母子彼此磨合成长及适应，教导孩子融入这个家庭。有个抨击哭泣入睡的说法是：孤儿院的婴儿都是哭一哭没人理而自行入睡，所以眼神呆滞。请记住，我们并没有抛弃孩子，除了睡觉以外，都在陪他玩，为孩子付出极大的爱。母子之间的依附关系是不会变的，教育宝宝态度要正确，才能让宝宝从中得到安全感。

宝宝哭泣后比较难安慰，那时候他情绪正激动，这是正常的现象。

钧妈碎碎念

我也很害怕钧哭，记得钧前 3 个月我整天都像念经一样告诉钧：妈妈很爱你，可是妈妈讨厌你哭，请你不要哭了好吗？后来通过钧的哭声，很早便能判断钧的状况，也很早就让钧习惯稳定的作息，3 个月后钧就不再在入睡时哭泣，4 个月时，早上起来还会笑，钧带给我的笑比哭多，钧很少因为想睡而哭闹。

三、不恰当的自行入睡方法——延迟满足法×

第一次哭5分钟才安抚，第二次哭10分钟、第三次哭15分钟再去安抚（抱起来安抚但不超过1分钟就放下），这中间安抚的时间过短。哭5分钟刚好是宝宝正激动的时候，安抚会产生反效果，接下来若你刚好又在宝宝快睡着时（刚好哭到小声时）抱起来，宝宝又被弄醒（本来已经快睡着），放下又会继续哭，会让宝宝更加疲累而无法入眠。

四、开始自行入睡的陷阱×

多数放弃自行入睡的案例，都有大致相同的情形："我一开始也是制订作息，喝完奶，跟他玩到累，一放到床上他就大哭两小时，直到下一餐，每天哭6~8小时，也没有睡过夜，夜奶一样起来哭，3天后放弃，让他想睡就睡，想喝就喝，结果反而开始规律且睡过夜。"

每餐让宝宝喝饱奶，是好带的不二秘诀，在宝宝没有被哄睡习惯的前提下，上面的例子原因在于宝宝始终没有喝饱奶，每餐都在重复太累喝不下奶、哭的时间过长耗费体力、接着撑不到你制订的喝奶时间提前肚子饿的恶性循环，最后母亲也不想再听到宝宝哭泣进而放弃。

你所做的事情一定会带来后果，这时候的宝宝生理时钟已经习惯作息，故一旦能喝饱奶，就开始变得规律。如果你发现这样的情况发生，先检查是否确实喂饱宝宝，如果宝宝是因为哭太累喝不下奶，请你不用急着叫醒他，让他多睡一阵子后再喝奶，下一餐还是在一样的时间喝奶，并早一点让宝宝上床睡觉，固定第一餐时间且不哄睡就好。

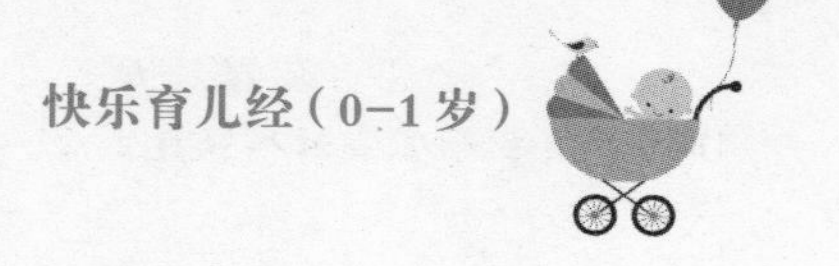

五、还没玩累就丢上床睡×

新手妈妈常误以为喝奶（饮食）—清醒—睡觉，所谓清醒是醒个5分钟意思意思就好，然而，宝宝一定要哭很久很久，他需要哭很久来让自己消耗体力才能入睡。

六、仰睡无法入睡×

仰睡会这样：你抱着他时，他玩到累会很想睡，但是放在床上却又突然眼睛睁大，耗很久才入睡。将房间关暗，窗帘拉起来，把包巾包好，宝宝更容易入睡。

宝宝睡到一半因为惊吓反射惊醒时，用奶嘴制造睡意后，趁他还没完全睡着时将奶嘴拔掉让宝宝继续睡，切勿让宝宝吸着奶嘴入睡。假如养成吸奶嘴的习惯，妈妈就要半夜帮孩子捡奶嘴直到宝宝会自己拿奶嘴吸为止。

10个宝宝睡觉的常见问题

一、听说哭泣会让小孩凸肚脐、疝气、肠子掉下来？

哭泣不会让宝宝染上疾病，疾病都是宝宝出生时就带的，甚至可以靠哭泣发现疾病，举例来说：当宝宝哭泣时腹股沟（鼠蹊部）或阴囊部位隆起肿大，家长便可发现宝宝患有疝气，而非哭泣就会导致疝气、凸肚脐和肠子掉下来。

哭也不会导致声带损坏，钧到今天还是声音细致、肺活量很大。

二、我的家人不准小孩哭／我不想听小孩哭

没关系，育儿讲求快乐和顺利，不需要因为哭这件事搞得全家革命，如果你没有能力改变家人的观念（允许宝宝哭泣），或是你不想听宝宝哭，可以

使用其他带孩子的方式（请见第六章：4较大月龄的睡眠训练）。

三、如果我不想“引导”小孩那么早学习自行入睡，还有哪些事可以先做？

1）执行规律作息。

2）有稳定的睡前仪式，并确定早上起床的时间。

3）4个月开始添加副食品，睡前也确认宝宝吃饱才让宝宝上床睡觉。

4）帮助他睡过夜（8小时），且晚上安稳地睡8~10小时。

四、假如我都不教导孩子自行入睡，那孩子要到多大才会自己睡？

宝宝6个月后自行入睡能力就已经成熟，然而多数的母亲这时已经帮宝宝培养其他的入睡习惯，要再重新让他学习自行入睡自然会有难度，最多只能改为陪睡。举例来说：有妈妈一开始是抱着宝宝走来走去入睡，后来宝宝体重增加到抱不动后，多数的妈妈会选择一起躺在床上睡，轻拍宝宝入睡（虽然他会反抗，但是母亲多数会坚持），以此方式改变入睡习惯。

一岁半后渐渐度过口欲期，他依然坚持要母亲陪睡，等到3~5岁或更大后（甚至到小学都有可能）才会跟父母分房。

五、什么状况不应该用哭泣教宝宝自行入睡？

如果医师告诉你你的宝宝有先天性疾病不能哭泣，你可以采用其他方法教其自行入睡。

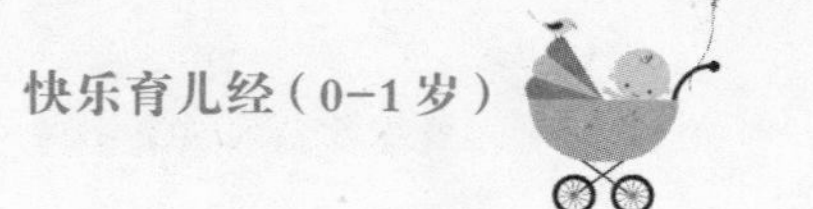

六、什么时候宝宝入睡时才不会再哭？

0~3 个月是宝宝的睡眠障碍期，宝宝也会在这 3 个月内学习浅眠清醒后接着继续睡。3 个月后宝宝就会习惯妈妈抱上床后直接入睡。

七、我一定要用趴睡引导宝宝自行入睡吗？仰睡不行吗？

任何一种睡姿均可学习，仰睡之所以比较困难是因为惊吓反射、哭泣时眼泪会流进耳朵，除此之外并无任何妨碍之处。仰睡和趴睡宝宝都一样可以学习。

八、我的宝宝是高需求宝宝，脾气倔，自行入睡不适合他。

“高需求宝宝超级敏感，没法子放下，不会自我安抚，整天想吃奶，经常醒来，无法满足，无法预测，超级好动，累人，不喜欢被抱着，要求多。”（引自《亲密育儿百科》）

新手妈妈开始育儿时，常会在手足无措的情况下让宝宝养成造成大人负担的习惯，而上述这段话在新生儿身上很常见，有些妈妈看到这段话时，会将孩子当成高需求宝宝，开始独自忍耐育儿的痛苦，不去寻求解决的办法。其实真正的高需求宝宝需要专业医师评定，高需求宝宝的特征也会延续到幼儿时期，你的宝宝可能并不是高需求宝宝，只是你判断错误了。

我认识一位妈妈，她的宝宝从出生不管仰睡或趴睡都能睡得很久很长，不需要抱起来，亲喂瓶喂都可以，哭声也很小，好带到会让妈妈遗忘他的存在，让我极其羡慕。

相较之下，我的钧极难带，个性固执不屈服，高需求就占了八项，哭声大到就算门关起来也听得很清楚；但是我们母子俩互相磨合，后来了解了他的个性，进而找出方法带他。“没有无法带的宝宝，只有不了解宝宝的母亲”，你的任何一个动作都是在教宝宝，培养宝宝，请找出合适他的方法。

九、规律作息可以跟自行入睡一起训练吗？

可以，只是妈妈必须忍受哭声，也要有决心把计划彻底执行，一口气让宝宝用最快的速度学会自行入睡、步上作息规律的生活。

十、其他家人不小心哄睡孩子该怎么办？不小心把小孩抱到睡着了怎么办？

放轻松，未来你有无数的日子及机会重复培养孩子这项能力，孩子也会渐渐习惯不被哄睡的睡眠方式，慢慢来就好，不需要在意那一两次的失误，你需要的是持之以恒地教孩子自行入睡。

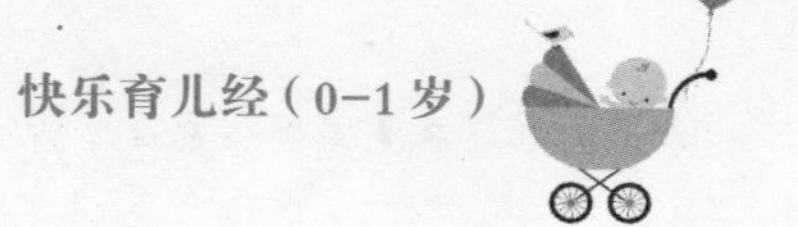

2 自行入睡的理论与观念

人类在疲累时闭上眼睛，进入睡眠，这样的行为称为：睡觉。自行入睡是一种本能，但是在新生儿时期却需要父母的引导，市面上有许多引导婴儿睡眠的书籍，或许妈妈们会产生以下疑问：我该掌握什么诀窍才会成功让孩子学会自行入睡？该不该让小孩哭？哭等于自行入睡？

让宝宝入睡的诀窍：让孩子学习“累了就会睡着”，让孩子反复熟悉这样的感觉。

是否让宝宝学习自行入睡，养成好的入睡习惯，往往是由于父母本身的认知和家庭情况决定的。在许多家庭，父母或长辈觉得婴儿就应该被哄着（被安抚）入睡，不能让他哭泣，于是当宝宝要睡时，母亲会想很多方法让孩子睡觉，比方放摇篮、抱摇哄睡、奶睡，全家坐车制造摇晃感让婴儿入睡，开除湿机或吹风机让机器声使孩子入睡。这样的方法都无法让宝宝有好的长时间睡眠，而且必须这样做，宝宝才愿意睡觉；但是你能让 10 个月的孩子睡在小小的摇篮内吗？你有足够的体力每晚都这样跟孩子耗吗？你有能力承受孩子浅眠时醒来要你这样再度安抚才能入睡吗？不如一开始就教宝宝因疲倦地自行入睡。

了解睡眠理论

一、浅眠与深眠

你是不是觉得小婴儿和大人一样，睡着就是睡着？这样的想法大错特错！

大人是先深眠再浅眠，一次循环为 90~120 分钟；3 个月前的婴儿是先浅眠再深眠，一次循环约 40 分钟，3 个月后的婴儿一次循环约 50~60 分钟，慢慢变成先深眠再浅眠，慢慢睡眠循环会逐渐接近大人，5 岁后的幼儿则与大人一样。

睡眠也是一种学习，宝宝会在成长过程中逐渐学习如何入睡以及在浅眠时不小心醒来再重新睡着。

二、睡眠连接

宝宝出生时是一张白纸，没有任何的习惯，假设妈妈每次在睡前就抱着宝宝走来走去，宝宝就会开始习惯这样的入睡模式，每天入睡时，都需要你这样做才能睡着，半夜宝宝浅眠不小心醒来，就会要求妈妈再重复一次这样的动作。某样动作和睡眠产生连接性，并养成习惯，称为睡眠连接。假设你已经替孩子养成不当、造成父母负担的睡眠连接，通常只要打断连接，就可以帮孩子改掉不好的睡眠习惯。

举例：有些月龄较大的孩子含着奶瓶（睡眠连接）才能入睡，否则就睡不着，妈妈下定决心把奶瓶丢掉（打断连接性）后，孩子就会渐渐习惯没有奶瓶入睡。

三、睡在同一个地方

假设你有天在房内床上睡着，但是醒来却发现在公园长椅上，你是否会

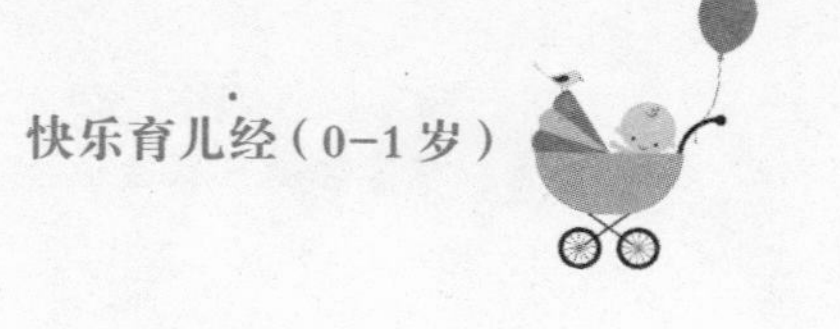

感到很惊恐？同理，将宝宝抱在怀中等他睡着后再放到床上，宝宝浅眠时发现并不是睡在妈妈的怀中，而是陌生的地方，自然会哭着想回到妈妈的身上睡，于是妈妈听到宝宝的哭声，只好再抱起来哄睡，不断重复，最后只好抱着婴儿一起睡。如果新手妈妈能对此情形甘之如饴也罢，然而往往只会加深新手妈妈的产后忧郁症，让疲倦的母亲更加疲倦。

有人说：孩子不愿意睡在床上是因为没有安全感。正确来说是：宝宝刚离开母体，不习惯新的环境。宝宝在母体内是面向母亲，呈趴着的姿势（所以宝宝趴睡的时候会比较安稳），所以母亲可以用和缓或延迟的方式让宝宝习惯婴儿床，而不是让宝宝习惯会给母亲造成负担的入睡方式（例如：抱着走来走去），这在于母亲是否想要帮助孩子适应家庭环境及入睡方式。

必须具备的 8 个观念

【观念1】正确判断宝宝的哭

1 岁前的婴儿不会说话，哭是他唯一的语言，母亲要倾听宝宝的语言并做出正确的判断。不准宝宝哭就像禁止一个人说话，反而不利于亲子间的磨合。母亲除了帮宝宝养成良好的习惯外，当宝宝有生理上的需求（肚子饿、身体不适等）时也要尽力理解、满足，不能放任宝宝哭泣，应该聆听哭泣并做出合理的回应。

你也许会担心：如果一哭就抱会不会被宝宝制约，宝宝动不动就乱哭，甚至在 3 个月之前连抱都不敢抱宝宝？请放心，3 个月前的婴儿并不会有这样的举动，除了睡觉时间，你其实会随时随地都抱着宝宝，陪他玩。

新手妈妈会问：“我听不懂宝宝的哭声怎么办？每次听起来都像肚子饿的

哭声。”哭泣语言的辨别如下：

1. 肚子饿的哭

这种哭泣强烈而持久，直到妈妈解决他的需求。

2. 疲累想睡或浅眠醒来想继续睡时的哭声

哭声微弱且不持久。0~3 个月的宝宝小睡时常常会醒来哭 3~5 分钟后再睡着，妈妈干预得越少，宝宝再次睡着的速度就越快。

3. 身体不舒服的哭

哭声强烈且尖锐、不间断，停止哭泣时通常已经是累到极限，所以必须观察 4 个月内的宝宝，如果他哭 20 多分钟且没有“被哄睡习惯”，“也不是正在教宝宝自行入睡的时期”，母亲就必须抱起来并排除宝宝的痛苦。

4. 过累无法入睡的哭法（一）

白天时，排除黄昏时的哭闹或被哄睡习惯，假设宝宝上床后哭 20~60 分钟都无法入睡，哭声微弱而且会停下来几分钟再继续哭，会哭到下一次喝奶，此状况就表示宝宝过累无法自行入睡，当你确认宝宝是过累时，就可以用奶嘴或哄睡的方式先让他在这段小睡睡好，下一餐才能有力气喝奶。请记得这种方法不能常用，避免宝宝习惯哄睡。

5. 过累无法入睡的哭法（二）

入睡后，排除黄昏时的哭闹，睡个十几分钟就开始小哭，哭个 2~10 分钟

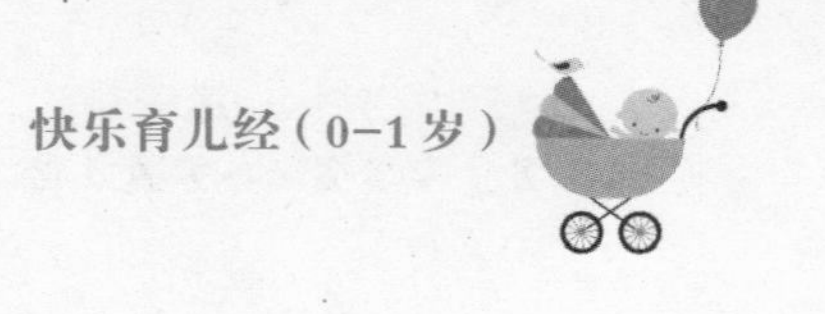

后睡着，睡个十几分钟又起来哭，整段睡眠就一直在重复哭和醒，有时哭声较大，有时哭声小到好像在呻吟。这在喝完睡前奶后、夜晚长睡眠时最常发生，此状况也表示过累无法顺利睡眠，这时不需要插手干预宝宝的睡眠，让他学习自行入睡。

6. 宝宝喝奶＋玩耍后哭

妈妈把宝宝放上床，发现宝宝咿咿呀呀玩一阵后就开始哭，表示他不够累，你应该让宝宝晚点上床。

【观念2】为什么要教孩子自行入睡？

教孩子自行入睡是为了让他拥有稳定、安全的睡眠。

反对教孩子自行入睡妈妈通常会驳斥说：干吗训练孩子独立，若要宝宝独立就干脆送他去马戏团，或叫他自己养活自己。会有这种想法的妈妈代表她不懂得睡眠理论，教孩子自行入睡和独立无关。

懂得自行入睡的孩子不会累到乱“欢”、乱哭，因为累了妈妈就会放他上床，他也会因为疲倦而睡着，稳定的睡眠会让宝宝拥有稳定的情绪，睡好也会吃好。反之，有哄睡习惯的孩子常常处在很累的状况下，却因为妈妈尚未开始哄睡而无法入眠，或哄睡时已经太累而睡不着，这感觉很像当成人依赖安眠药成瘾时，就算很累也睡不着，除非服用安眠药。教会孩子自行入睡和浅眠清醒时再度入睡，才有可能让他睡得更久更安稳。

【观念3】安稳的睡眠是可以培养的

很多妈妈跟我说：“我看到你贴在博客上的睡前影片，觉得很不可思议，怎么可能有婴儿不用哄，唱完睡前仪式的歌，自己翻一翻就睡着。”

你对宝宝的任何举动，都是在教宝宝形成一种新的习惯，举例来说：新手妈妈听到婴儿半夜发出唉声时，就急着抱起来喂奶，这就是在告诉孩子“半夜应该喝奶”；又举例来说：从钧出生开始，我不曾哄过他睡觉，于是在他的认知中，就是要自己睡觉。

故面对婴儿在睡觉时的哭泣：

1）等待三分钟观察发生了什么事。

2）从哭声判断该放着哭 20 分钟还是马上处理。

【观念4】什么是哄睡?

严格定义：宝宝需经摇、抱、哄、抚摸等外力介入才能入睡。宝宝不管是入睡还是浅眠清醒，都要再度由外力介入才能入睡，如无外力则无法入睡进而清醒，很容易造成睡眠时间较同龄孩子少，这样也会带给妈妈很大的负担。

宽松定义：含着奶嘴和人体奶嘴（妈妈的乳头）才能睡着，可视为哄睡。很多妈妈在育儿初期，宝宝浅眠清醒或刚要入睡时都需要靠吸奶嘴或人体奶嘴才能睡着，但这样妈妈半夜要不停起来捡奶嘴，采用人体奶嘴他容易干扰妈妈的睡眠，增添妈妈的负担。

案例分享：曾经有母亲坚持要让宝宝侧睡，孩子浅眠时就拿奶嘴给宝宝吸，吸到入睡，慢慢半夜只要奶嘴掉了就哭，该母亲最后听建议把奶嘴丢了，只要宝宝不大哭就在旁边看着，也不安抚，

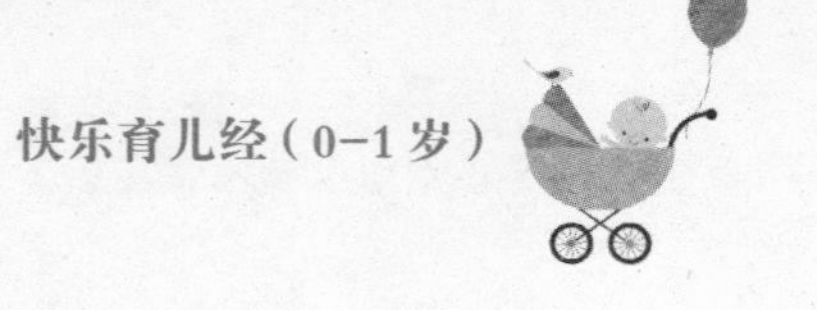

小孩就找到手吸吮，浅眠与深眠转换也越来越顺利。

【观念5】就是要让小孩哭才能学会自行入睡吗？

0~3 个月时，宝宝身体无法大幅度活动，很难有足够的疲惫感让他自然入睡，靠哭泣制造疲累后入睡，不断重复练习下，宝宝理解只要疲累闭上眼睛就会睡着。从三四个月开始，你将他放上床，他就会自然入睡，这是一个学习过渡阶段，假设你等宝宝月龄较大才开始教，因为宝宝本身已经有借助外力才能入睡的习惯（哄睡、奶睡等），要改变习惯就会比较困难。

【观念6】不过度干预宝宝的睡眠

睡眠是最不需要干预的。当宝宝要入睡或浅眠醒来小声哭泣时，你越不干涉，他学习的速度就越快。钧快满 3 个月时，要入睡时会开始摇头晃脑或摩擦床，婆婆和二婶以为小孩没有睡意想抱起来，被我阻止，果然钧找到一个舒服的姿势后便睡着了。很多新手妈妈总是担心太多，过度揣测宝宝的想法，搞得自己神经兮兮。

“钧妈，我宝宝吐奶，是不是喝太多？”

“小宝宝喝完奶有小溢奶是正常，这代表宝宝喝饱了。”

“新生儿睡觉一直发出声音，是不是肚子饿？”

“不是！他只是在浅眠时发出声音，不要动他，让他睡觉。”

“小宝宝睡觉一直扭来扭去，是不是不舒服？”

“不是！他只是浅眠时动来动去，不舒服会大哭。”

“宝宝睡到一半在低声哭，是不是要马上抱起来哄？”

“新生儿哭是正常的，尤其浅眠时，你要让他学着再睡着。”

“他哭到声音都沙哑，声带会不会坏掉？”

“不会！除了有先天性疾病的宝宝不能哭，健康宝宝哭只是练习肺活量。”

在带宝宝长大的过程中，哭与不哭都不是重点，重点在于是否倾听宝宝的哭声。

【观念7】安全感与哭泣

安全感建立的条件包含：生理性和心理性的满足。在稳定的作息中，宝宝能知道接下来父母会为他做什么（安排好行程），对父母产生信任；父母通过规律作息，知道什么时候该喂奶、陪他玩、让他睡觉，满足宝宝的生理和心理需求。

呵护备至并不是带小孩的方式。有些父母只要孩子跌倒，就飞奔而至，斥责其他人；只要孩子哭泣，就急着给他喂奶、拥抱，时时刻刻都不让孩子独处。于是孩子有天遇到挫折时，会不知道该怎么解决；突然独处时，会以为别人都不要他，缺乏自信心，丧失安全感。

最重要的是要“懂孩子的心”。母亲清楚了解孩子需要的是什么，培养孩

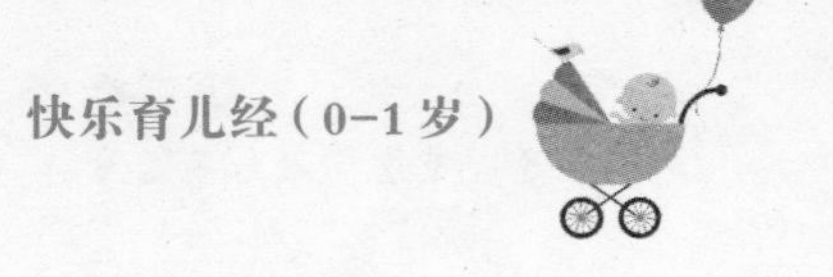

子正确的行为。当孩子遇过很多挫折后，会明白妈妈的原则；当孩子遇到痛苦时，会明白这是必然的感受；当孩子哭泣时，了解到母亲对待他的态度不变，从而学到情绪管理和发泄的方法。

让孩子知道他处在友善的环境中，父母不要急于帮孩子解决问题，而是让孩子自己去解决，进而培养独立感；所以在我带钧长大的过程中，当钧跌倒时，我会在旁边等他站起来后再给他一个拥抱。不要吝于称赞孩子，并要在正确的时间给予称赞，放手让他去尝试；所以钧很早（6个月左右）就不再用吸手指来安抚自己，也不会在入睡前哭泣或吸手指，日常生活中，也很少吸手指，除非他极其无聊。安全感的建立对一个一岁半的孩子十分重要，哭不是丧失安全感的原因。

【观念8】一致的做法与坚持你的计划

有些妈妈希望在坐月子时将宝宝的作息和自行入睡教好，以后交给婆婆带时就会顺利，结果婆婆却用哄睡方式让宝宝入睡；也有些妈妈希望宝宝白天自行入睡、晚上哄睡，或白天哄睡、晚上自行入睡。只有少数的宝宝能配合妈妈，多数都做不到。跟教养一样，需要家人采取一致做法帮宝宝养成习惯，如果家人真的无法配合妈妈，建议不妨与家人沟通或采取其他方式让家人采取一致的做法对待宝宝。

如果你下定决心改变宝宝的睡眠习惯，就必须坚持一两周，如果一两周后没有任何成效，说明有做错地方，请回头检查你的记录，听从你的母性更正错误，或是上网寻求与你有相同育儿法的妈妈们的帮助。

6 个月前教孩子自行入睡的优点与缺点

【优点】

1）孩子没有任何旧习惯，训练起来通常只需要 3~7 天。

2）尚未形成不适合家人的规律作息，母亲可以引导孩子形成作息。

3）可以让孩子和缓减少睡眠时间，而不是急速减少。例如，有些育儿书会写 10~18 个月之间的孩子会自动减为一次小睡，身为母亲，你希望孩子是 10 个月变成一次小睡，还是十八个月或甚至更晚？没有尽早形成规律生活的孩子往往会在 10 个月前就变成一次小睡或有两次极短的睡眠，新生儿时期就有规律作息的孩子往往到了 1 岁零 3 个月才变成一次小睡甚至更晚，且小睡时间都很长，像钧到了快两岁还是一睡 14~15 小时。不过这里要声明的是，睡眠往往会被食量、活动、环境影响，不能排除某些孩子天生睡眠少，我们只是人为地让他的睡眠减少速度减缓。

4）母亲有足够的决心训练孩子。0~3 个月是母亲和孩子在磨合、适应彼此，这非常辛苦，母亲必须不停喂奶、哄抱着孩子，自己无法休息睡觉，在精神压力到达极限时，就会寻求最快的方法解决问题（自行入睡），虽然有时会犯错误（放着宝宝一直哭），但是很快就会引导宝宝自行入睡、规律作息。有些妈妈则觉得应该晚点或不需要教宝宝自行入睡、规律作息，完全跟着宝宝的节拍走（宝宝想喝奶就喝、想睡觉就睡）。通常妈妈在一开始养育宝宝的态度就会分成两种，无所谓对错，只要能用一致的态度对待宝宝就好。

【缺点】

训练起来格外辛苦。如同前面所说，母亲一开始无法掌握孩子的心性，

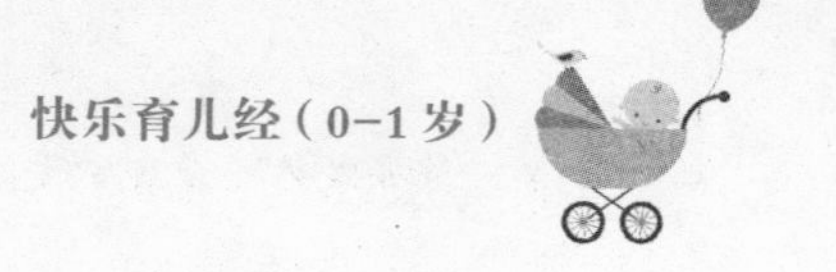

一直在错误中寻找正确的方式，常常不小心就让孩子哭好几个小时，母亲因此几乎崩溃。建议母亲等到孩子满月 ~2 个月后再训练睡过夜、延长睡眠等，只是大部分的新手妈妈在无人帮忙的状况下，无法等那么久。

我自己则是在钧一个半月时开始，虽然做错过很多事，但是很快两个月就步入轨道。不论早晚，都取决于母亲的意志和对孩子的观察。衷心奉劝：请习惯孩子的哭声吧！不论是现在或未来，习惯孩子的哭声才能采取正确的方式。

哄睡和婴幼儿睡眠减少的关系

很多妈妈会以为宝宝晚上的睡眠跟大人一样是 8 小时，其实不然，宝宝晚上需要的睡眠比大人多很多。

比如这个例子：小玉家里的两个孩子，老大 2 岁，晚上睡 8 小时，中午睡 1 小时；老二 6 个月，晚上睡 9 小时、中午睡 1 小时。他一直以为这是正常的，也很自豪可以让两位小朋友一起睡午觉。他始终不认为宝宝能睡更久。

职业妈妈更辛苦，我曾认识一位妈妈，我们都称 M 仔妈，她在家里做国际贸易，因有时差（需要与国外联系），全家 3 个人都是半夜三四点睡到隔天中午，因为孩子需要哄睡，所以没有办法让孩子比自己早睡。

我有个从小一起长大的朋友，结婚后两个孩子在前 3 个月都是晚上直抱着睡，3 个月后才能抱着宝宝侧睡。我刚生钧时曾经问这位朋友，她只回答我：忍耐就好。哄睡需要母亲在旁边，为了让宝宝更好哄睡，很多妈妈以为宝宝睡眠少一点才会更累更好哄，让小孩跟大人一样作息（大人晚上约睡 8 小时，孩子 10~12 小时），整体睡眠时间跟同龄孩子相比是偏少的。

大人有很多事情要做，完全配合宝宝的睡眠时间不容易。有些妈妈等宝宝较大、睡眠比较稳之后，会先把小孩哄睡再起床做事，不过很有可能自己会先睡着，或是宝宝浅眠哭就冲回房间。

规律作息且自行入睡的好处在于，让宝宝睡眠完整，时间到就让宝宝上床，生理时钟也调整好，习惯到时间就让宝宝睡觉，时间到再去叫宝宝起床，这期间不管妈妈要做家务或休息都不会影响到宝宝。

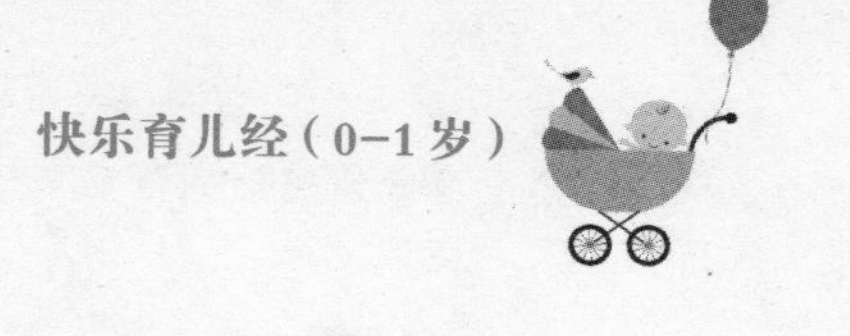

3 戒夜奶：让宝宝睡过夜

一觉到天亮，中间不进食，这是本能。多数母亲不做过多干预，只让宝宝白天少睡，约有三分之一的孩子6周就可以睡6小时，8周就可以睡8小时。而大多数母亲做到规律作息，孩子在前3个月就自动睡过夜和延长睡眠时间。接下来，“别急着戒夜奶，倾听宝宝的声音”，当宝宝有能力睡过夜时就会用他的方式告诉你，假如妈妈完成与宝宝的磨合，了解到宝宝的状况，当宝宝已经有能力睡过夜却无法睡过夜时，妈妈就能进一步引导宝宝，形成规律作息，晚上有个安稳的长睡眠。

戒夜奶的9个准备

当3个月内的宝宝能连睡6~8小时不喝奶时，我们就可以视为宝宝睡过夜且不需要喝夜奶（戒夜奶）。

一、规律作息和白天做到饮食—清醒—睡觉

规律作息是戒夜奶的最重要的步骤，多数宝宝只需要做到规律作息，

晚上夜奶自然就会戒掉。先维持一段时间的规律作息，保持稳定，才能开始戒夜奶。

二、半夜不要一直换尿布

打开尿布的凉爽感容易叫醒宝宝。我改成在第五餐喂奶前先换尿布，不在夜里换，手伸进尿布确认宝宝有没有大便，买透气、吸尿（或大一号）的尿布。（少数敏感的宝宝只要尿湿就会哭泣，必须确认宝宝是否属于这种。）

钧妈碎碎念

白天需要一直换尿布，可以购买价格较低的或布尿布，晚上尽可能选购品质好、价格高的品牌。

三、保持夜晚都是睡觉的状态

让宝宝的生理时钟习惯夜晚都在睡觉，喝完奶打嗝后就睡觉。

四、没有大哭就不喂奶

新生儿晚上发出的声音很吵，尤其在夜晚，浅眠时身体也会扭来扭去，或浅眠时醒来小声哭几分钟后又睡着。宝宝月龄越大，往往夜晚哭泣不再是肚子饿，妈妈也要养成习惯，听到大哭时先判断原因，而不是听到哭就立刻塞奶。

五、洗澡放在长睡眠之前

宝宝洗完澡、喝完奶时通常是最舒服的时候，睡得时间也较长。在台湾地区，因为怕冻着宝宝而正中午给宝宝洗澡，现代社会多数人住在公寓或大

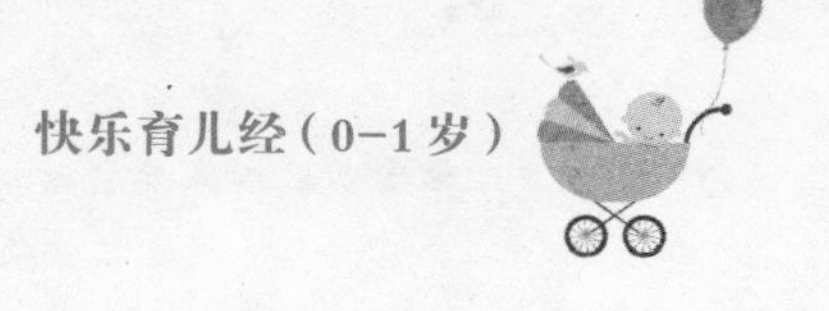

楼，在保暖条件较好的情况下会建议妈妈给宝宝睡前洗澡，直到 4 个月大。（少数宝宝洗完澡会更焦躁无法入眠，妈妈必须确认宝宝是否为此类型。）

六、超过10斤

当宝宝超过 10 斤时，妈妈引导宝宝戒夜奶会比较轻松，因为宝宝有足够的体力维持晚上的长睡眠。约有三分之一的宝宝爱睡，往往不到 10 斤就已经把夜奶戒掉，妈妈不需要强迫宝宝起床喝奶或害怕低血糖（新生儿低血糖与夜奶无关，出生时医院就会对高危险婴儿进行检测），只要白天有规律进食就不用担心。戒掉夜奶后，白天的食量会慢慢增加，睡前奶也会喝得比较多。

七、白天小睡每段不超过3小时

为了确保宝宝白天活动、晚上长睡眠，要定时叫宝宝起床喝奶，而不是任其睡 3 个多小时，这样容易打乱宝宝的睡眠生物钟。

八、睡前多喂30毫升的奶

亲喂母乳的宝宝会自动增加奶量，无需担心；瓶喂的宝宝则无法自动增加奶量，需要靠妈妈帮忙。只是有些宝宝无法接受睡前增加奶量，你可以在宝宝睡两小时后再补喂或是不增加。

九、未满月前晚上的夜奶也要定时喂

未满月前，为了宝宝养成晚上都在睡觉的习惯，夜奶可以准时喂，喝完奶打完嗝就睡觉。

戒夜奶的方法

满月后，替宝宝制订规律作息，再按宝宝的反应帮宝宝戒掉夜奶，让他睡一整夜（睡过夜）都不需要喝奶。

戒夜奶的方法很多，问任何一个宝宝有睡过夜的妈妈，一定能分享很多心得，重点反而在你有没有注意到宝宝发出的信息，接着大胆地把夜奶省略掉。下面举例来教新手妈妈怎么帮助宝宝睡过夜。

作息范例一

时间		
7:00	第一餐	喝奶＋清醒
8:30~11:00	第一段小睡	
11:00	第二餐	喝奶＋清醒
12:30~15:00	第二段小睡	
15:00	第三餐	喝奶＋清醒
16:30~19:00	第三段小睡	
19:00	第四餐（睡前奶）	洗澡、喝奶＋清醒
20:30~23:00	第四段小睡	
23:00	第五餐	先叫醒宝宝，10~20分钟后开始喂奶，喂完奶不跟宝宝玩，直抱休息一下就让宝宝睡觉，等宝宝戒掉半夜3点的夜奶后，这餐就打开小灯，轻轻抱起来喂奶，不事先叫醒，喂完奶、打完嗝后就放上床睡觉。
3:00	第六餐	夜奶

满月后，宝宝能每4小时喝一次奶，每次清醒约1~1.5小时，晚上睡10~11小时。
适合对象：所有的宝宝。

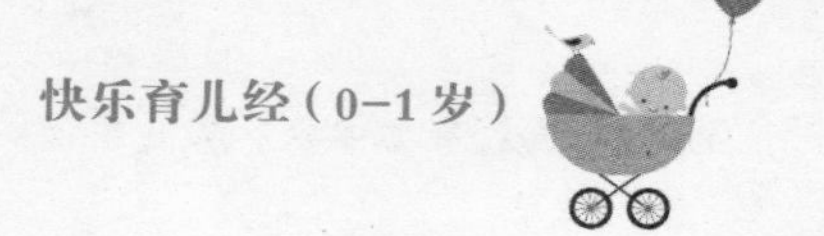

该怎么让宝宝半夜 3 点不喝奶呢？以下是妈妈可以选择的办法：

【方法 1】定时喂奶

第六餐夜奶喂完奶、打完嗝直接把宝宝放上床睡觉，不要跟宝宝玩耍，等第六餐确认都是你抱起来喂奶（不会在这个时间哭讨奶），且喂完或喂奶喂到一半就睡着，这时每天逐渐减少奶量，少于 30~60 毫升时即可大胆不喂，亲喂母乳的妈妈则可以每天缩减喂奶的时间。

【方法2】延迟回应

当你半夜忘记设闹钟，发现已经超过喂奶时间（第五餐或第六餐其中一餐），你就能采用延迟回应的方式。半夜 3 点时，第一天哭 10 分钟后再喂奶、第二天 20 分钟……以此类推。如果很接近下一个喂奶时间就可以直接让宝宝哭到下个喂奶时间，但是如果超过 7 天毫无任何成效，建议你必须审视自己哪里需要修正，也可能是宝宝还没有准备好，再定时喂夜奶。

【方法3】夜晚哭了再喂

以上述的作息表为例，宝宝满月后，喂完第五餐，就等宝宝小哭再喂，不需要在半夜 3 点喂夜奶（宝宝有可能在 3~7 任何一个时间点饿了醒来哭讨奶喝）。

无论半夜几点喂夜奶，都要在早上 7 点叫宝宝起床喝第一餐奶。当宝宝夜奶的时间过于接近第一餐，或喝完夜奶第一餐几乎不太喝时，表示他已经准备好晚上睡过夜，请大胆让宝宝撑到第一餐，晚上哭也不用再喂奶，过几天宝宝就能睡过夜了。

作息范例二

时间	餐次/安排	内容
7:00	第一餐	喝奶＋清醒
8:30~11:00	第一段小睡	
11:00	第二餐	喝奶＋清醒
12:30~15:00	第二段小睡	
15:00	第三餐	喝奶＋清醒
16:30~18:30（图一）或18:00（图二）	第三段小睡，缩短此段小睡时间	
18:30（图一）或18:00（图二）	提前叫宝宝起床洗澡	
19:00（图一）或18:30（图二）	第四餐（睡前奶）	喝奶＋清醒
19:30（图一）或19:00（图二）	上床睡觉	
23:00	第五餐	
3:00	第六餐	

满月后，宝宝能每4小时喝一次奶，每次清醒约1~1.5小时，晚上睡11~12小时。
适合对象：喝配方奶或奶量大的宝宝。

上表的作息能让宝宝很早就习惯夜晚睡 11~12 小时，戒夜奶、帮助宝宝睡过夜的方法除了方法 1 到方法 3，你还能搭配“方法 4”使用：

【方法4】压缩第三段小睡

适度缩短第三段小睡，让第三段小睡比其他段小睡短，这样的安排可让宝宝在长睡眠前洗澡、活动，宝宝会因为疲劳加速睡过夜的速度。那么第三段小睡该提前多少时间叫宝宝起床洗澡？依宝宝清醒后能维持多久的清醒时间而定，你必须确认宝宝能有精神喝完第四餐奶，比方宝宝只能清醒 60 分钟，就请你约 18:30 叫醒宝宝洗澡，约 19:00 喝奶，19:30 上床睡觉。

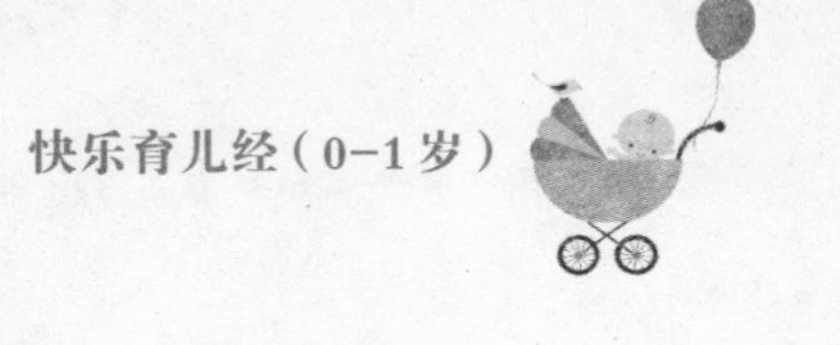

压缩时间段的选择有两个：

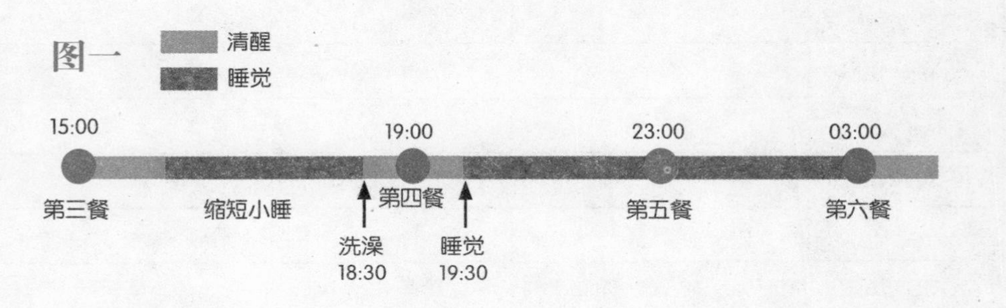

刚开始带钧时，我希望让钧晚上睡 12 小时，所以采取了另一种缩短第三段小睡的方法，提前到 18:00~18:30 喂奶，约 19:00 睡觉。

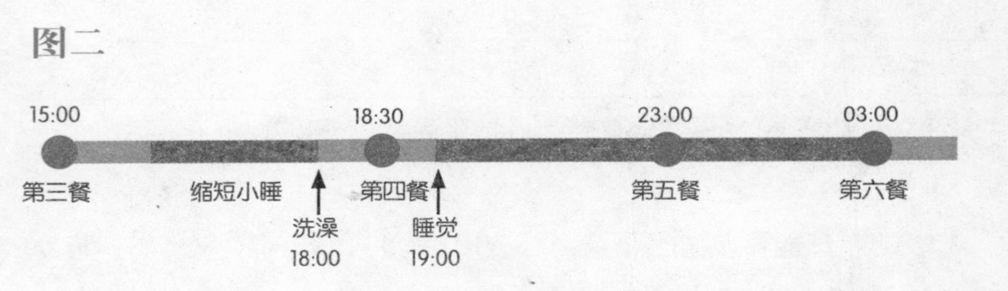

对于宝宝而言，19:00~19:30 以后都是睡觉时间，你可以按宝宝反应选择戒掉第五餐或第六餐：

1. 假如宝宝第五餐能被你叫起床，清醒喝奶

务必让他先清醒 10~20 分钟再喝奶，并清醒地喝完，打完嗝就放上床睡觉，搭配方法 1 至方法 3 中的一个方法帮宝宝把第六餐戒掉。

2. 假如宝宝是第五餐 23:00 就睡得比较沉，叫不醒，或是刚叫醒又睡着

你不需要等宝宝第五餐哭要奶时再喂。喂奶时间到，试着一点一点减少瓶喂的奶量或缩短亲喂母乳的时间，喂到宝宝睡着就不再喂，等奶量少于 60 毫升或叫不起床时，就省掉该餐，第六餐轻轻抱起喂奶，喂完奶、打完嗝后直接睡觉。

【案例分享：另一个省第五餐的方法】

问：我本来压缩第三段小睡时间，喂第五餐（23:00），想帮 7 周的女儿戒掉夜奶（第六餐 3:00），但发现第五餐叫醒她之后，都是一边哭闹一边喝奶，而且喝一半就不愿意再喝，放上床还是一直哭闹，怎么办？

答：宝宝因为疲惫，表现得不想要喝第五餐奶，建议睡前奶（第四餐）喝完且上床睡觉后，就等宝宝哭了再喂奶，第六餐时准时抱起来喂奶，慢慢宝宝就会在接近 3 点时才会哭着讨奶喝，用方法三先戒掉第五餐，而不是先戒掉第六餐。

【方法5】密集喂奶法

睡前奶（19:00）喂完后，2~3 小时后再喂一次，第五餐于 24:00 或 1:00 再喂，于是这两次喂奶都只需抱起来喂宝宝喝奶（不叫醒），喝完打嗝就直接让宝宝睡觉，第五餐喂完后让宝宝睡到第二天早上第一餐（喝完奶到第一餐间隔约 6 小时）。

这可以让宝宝短时间内摄取到充足的奶量且保持饱足感，睡前喂奶量最多，2~3 小时后喂二分之一的量，在两小时后喂正常量，只是这种戒夜奶的方式只适用于愿意开口喝奶的宝宝，有的宝宝睡着后就再也不愿意开口喝奶，这种喂法要更小心溢奶或吐奶。

作息范例三：3小时喝一次奶

7:00	第一餐	喝奶＋清醒
8:00~10:00	第一段小睡	
10:00	第二餐	喝奶＋清醒
11:00~13:00	第二段小睡	
13:00	第三餐	喝奶＋清醒
14:00~16:00	第三段小睡	
16:00	第四餐	喝奶＋清醒
17:00~19:00	第四段小睡	
19:00	第五餐（睡前奶）	喝奶＋清醒
20:00~23:00	第五段小睡	
23:00	第六餐	先叫醒宝宝，10~20分钟后开始喂奶，喂完奶不跟宝宝玩，直抱休息一下就让宝宝睡觉。
3:00	第七餐	夜奶

满月后，宝宝能每3小时喝一次奶，每次清醒约1小时，晚上睡11小时。

【方法6】延长夜晚喂奶时间间隔

1. 白天 3 小时、夜晚 4 小时喝一次奶

假设原本无论白天晚上均 3 小时喂一次，等宝宝满月后夜晚改成 4 小时喂一次（白天不变），2 个月后改成白天 4 小时喂一次，晚上慢慢延长喂奶的时间间隔，第七餐搭配前面方法 1 至方法 3 中的一个方法戒掉夜奶。

2. 白天 3 小时、夜晚 6 小时喝一次奶

晚上发现可以 6 小时喝一次奶，19:00、01:00、07:00（第一餐），改成这

3 个时间喂奶,不等小孩哭就喂,维持到 3 个月后省掉 01:00 这餐来延长睡眠,整整睡 12 小时。

宝宝发出睡过夜的信息——可以戒夜奶了

你一定会问：我怎么知道宝宝可以戒夜奶？其实当宝宝有足够的体力睡过夜时，他就会发出信息提醒妈妈。

一、宝宝曾经睡过夜

只要宝宝有一次睡过夜，就表示宝宝开始睡过夜了，但是后来却又开始半夜哭要夜奶，这表示你需要调整奶量、清醒的时间量，调整作息等，但是也不需要太紧张，宝宝一开始睡过夜时，都会有几天睡过夜，有几天又讨夜奶，不是很稳定，宝宝讨夜奶时就给他喝，睡过夜时就不喂奶，妈妈这样做就可以。

二、第一餐开始奶量比以前少

当宝宝第一餐喝得比以前少时，因为喝太少，结果第一段小睡会提前起床哭着要奶。案例：

小益妈妈安排的作息是9:00、13:00、17:00、21:00、01:00、05:00

问：第一段10:30~13:00小睡都会在11:30哭醒，提前让宝宝睡也没改善，但因01:00第五餐喂完后，第六餐（预定05:00）都会睡超过，然后早上第一餐越喝越少，有时甚至只喝60毫升就不想喝了，再喂就叫，会不会是这个因素造成第一段小睡提前醒来？我该如何做呢？

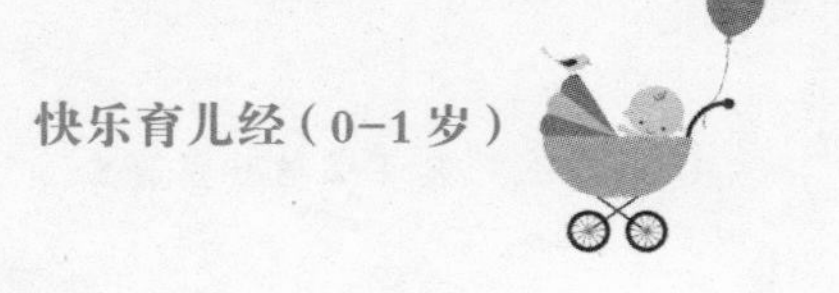

答：先把05:00这餐夜奶戒掉，慢慢减少亲喂母乳的时间或瓶喂奶量，只要宝宝睡着就不要再喂，慢慢第一餐的奶量就会开始增加。等亲喂母乳时间越来越少或瓶喂奶量少于60毫升时，就能试着不要再喂这一餐。

三、晚上喝一点夜奶就不再喝、喝奶叫不起来、喝一些奶就睡着、无法清醒着喝奶、连续6~8小时不哭还起床讨奶。

只要你发现宝宝出现上述现象，你就能开始着手帮宝宝戒夜奶。

此外，假如家中是妈妈对宝宝发出的声响很敏感，爸爸不会，你可以让宝宝跟爸爸睡同间房，由爸爸喂夜奶，爸爸听到大哭时再喂奶，妈妈也能好好睡觉。我有个朋友生老二时，满月后妈妈跟老大睡，老二跟爸爸睡，结果老二小哭时，爸爸通常都听不到，大哭才喂奶，不到八周夜奶就戒掉了。

错误的戒夜奶方式

一、让宝宝哭一整夜，认为只要坚持半夜不让宝宝喝到奶，就能戒夜奶×

3 个月内的宝宝，决定睡过夜的条件是足够的体力、食量、习惯晚上睡觉，有这些条件才能睡过夜，缺一不可。多数的妈妈急欲帮宝宝戒掉夜奶，让宝宝哭一整夜，结果常会因为无法忍受宝宝哭声或鉴于长辈压力而放弃。哭一整晚也会导致宝宝过累，早上补眠，最后日夜颠倒。

二、将睡前奶泡浓×

新生儿的肠胃很脆弱，切勿把奶泡浓。

三、夜奶喂水×

有些人会告诉你，晚上喂水就能戒夜奶。这种观念是错的！新生儿分不清楚水和奶的差别，喝完水肚子很快就会饿，又哭着要奶，最后会整晚都在灌水，宝宝却依然不断要夜奶。

睡眠对宝宝的重要性

6个月内，睡眠是宝宝脑部发育的关键期，宝宝睡饱才会情绪稳定，进而食欲大开。当过妈妈的人都了解，宝宝如果睡不饱就会情绪不稳定，想睡时也会很难喂奶或喂副食品。当宝宝能睡过夜时，不仅宝宝能睡饱，妈妈白天也会更有精神照顾宝宝，戒夜奶是一种双赢。

如果宝宝有能力睡过夜，妈妈却没有引导他把夜奶戒掉，宝宝很快就会把夜奶当成习惯（进入口欲期，会靠半夜吸吮才能从浅眠清醒中再度入睡，这不是真正的肚子饿）。有些妈妈会觉得喂夜奶能同宝宝建立亲密关系，若这样，也无不可。

育儿需要全面，母亲要深谋远虑，育儿问题不会永远都是“自行入睡和规律作息”，每个时期都有不同问题要解决，各个时期的问题不能堆积。夜奶还没戒掉时，接着孩子就厌奶；厌奶还没解决，孩子又开始翻身不睡；翻身不睡后又开始厌食导致体重过低，厌食后开始患上分离焦虑症黏在妈妈身上让你喘不过气，分离焦虑后又开始乱扔东西要妈妈捡。于是，母亲会感觉这个孩子是个麻烦，母亲永远都觉得喘不过气。更有甚者，一岁后才开始研究如何戒夜奶，而那个时期面对的应该是“教养”，而非戒夜奶了。

钧妈碎碎念

对于浅眠的母亲，半夜频频喂奶跟折磨无异。钧7周前，我没有一天睡眠超过3小时，钧戒掉夜奶后，我的生理时钟大乱，夜晚无法入睡（很多妈妈都会产生这样的生理现象），3个月后钧连续睡12小时，我却开始失眠，前6个月，我就算站着都会觉得地面在摇晃，缺乏休息的状况下奶量急速下降。育儿是一个快乐的过程，然而很多妈妈在回忆自己的育儿过程时却往往只有辛苦，你一定常听到：我整整两年没有一天睡好觉。

让宝宝睡过夜是一种双赢，宝宝睡眠质量高，你白天还能够有精神构思如何教养宝宝。

13个戒夜奶的常见问题

一、满月后，宝宝晚上大哭我才喂奶（方法3），但哭都不定时，有时候半夜4点，有时候又半夜两点，有时又是半夜3点，并没有按照预期，起来讨奶的时间越来越接近第一餐，为什么？

表示你的宝宝晚上哭并非都是因为肚子饿，如果你决定用这种方法戒夜奶，却发现宝宝哭不定时，请定时喂奶，或是等候20分钟确认宝宝无法再睡着，先抱起来拍嗝、检查尿布再放回去睡。

二、我的宝宝戒掉夜奶了，可是为什么睡前奶都要吸很久？

宝宝是聪明的，他知道晚上要开始睡觉了，会自动增加奶量，或是吸母乳较久。有个状况需要注意，假如宝宝喝一点就睡着你需要叫醒他，睡前奶很长时间才喂完，表示宝宝太累，建议增加此段小睡时间或提前喂奶。

三、我的宝宝戒掉夜奶了，（瓶喂）要增加白天奶量吗?

假如宝宝能接受你增加白天奶量即可，如没有增加，也不用担心，宝宝会慢慢增加白天奶量。

四、为什么我的宝宝夜晚会发出咿咿哑哑的声音，是不是肚子饿了?

新生儿在浅眠时会发出各种声音和动作，不需要干预，让宝宝好好睡觉即可。值得注意的是，假如喂夜奶没有打嗝彻底，空气在宝宝肚中也会导致睡不安稳并发出咿咿哑哑的声音。

五、夜奶很接近第一餐，怎么办?

假如在一小时以内，妈妈只要单纯安抚不喂奶，等第一餐再喂。

六、好残忍，你让宝宝晚上饿肚子!

多数人对于戒夜奶的认知都停留在“让他饿个几天，夜晚就不会再讨奶”，所以你会觉得很残忍，这样的想法是错误的。戒夜奶等同于睡过夜，目的在于用和缓的方法让宝宝晚上有连续睡眠，等他体力能睡过夜时，“自然”不再需要晚上喝奶，就像大人也不会半夜起床吃饭。

较早习惯睡过夜的宝宝，会将生长冲刺期所需要的热量转为早上的食量，如果生病或长牙，妈妈可以采取其他方式安抚。

瓶喂宝宝夜奶是很危险的行为，睡着的宝宝打嗝时很难拍，也更容易发生反射性大吐奶。

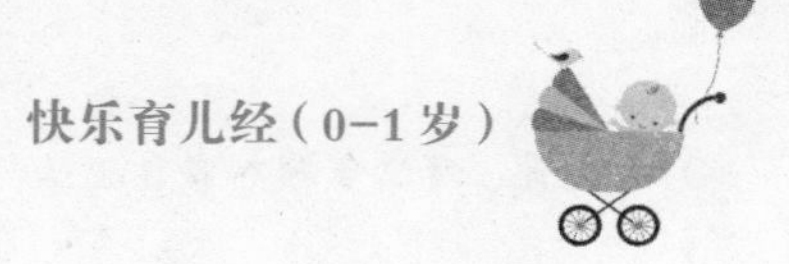

七、半夜我的奶很胀，怎么办？

当宝宝睡过夜时，你可以选择以下两个方式：

以妞妈为例：奶很多，戒第五餐时，睡前会全挤出来。半夜如果很不舒服，会挤一点出来，侧睡用毛巾垫着，慢慢就会供需平衡（这位妈妈亲喂到 1 岁半）。

以乐妈为例：戒第五餐时，还是会定时在第五餐挤奶库存，真的很不舒服就挤一点出来，慢慢第五餐就越挤越少，约 1 个月后就会供需平衡不需要再挤（这位妈妈亲喂到 1 岁）。

八、我怕宝宝体重会过轻，戒夜奶对吗？

睡过夜是对的，宝宝自己也会逐渐习惯在白天喝奶，体重是否过轻必须由医生判断。我接触过的案例中并没有因为戒夜奶而造成体重过轻的，且宝宝都会在吃副食品时体重增加。

九、什么情形需要晚上放任宝宝哭泣来戒夜奶？

不管宝宝月龄多大，很多新手妈妈会认为睡不过夜是因为宝宝半夜肚子饿。事实上要分两部分来说，前 4 个月宝宝的确会因为体力、食量等因素而无法睡过夜；四个月后，如不戒掉夜奶，宝宝会逐渐将夜奶行为转化为浅眠清醒靠吸吮再度入睡。比方说：亲喂宝宝将乳头当成奶嘴，浅眠就会醒来吸奶，一个晚上 3~4 次，到生长冲刺期以及生病、长牙时，为寻求安抚，夜奶会达无数次。

不过用哭整晚来戒掉夜奶，是最后的手段，必须要搭配调整作息、吃副食品等，才能成功睡过夜。

十、我把所有戒夜奶的方法都用上，睡前也多给宝宝喝30毫升，为什么他还是定时起来要奶？

表示宝宝的体力不足无法睡过夜，宝宝能睡过夜就会发出信息给你，建议你可以缓一段时间再戒夜奶。

十一、亲喂母乳戒夜奶很难吗？

亲喂母乳与睡过夜并没有直接的关系，母亲亲喂母乳宝宝还是可以睡过夜。妈妈必须让宝宝了解，妈妈的乳头是“喝奶用”的，不是安抚奶嘴，遵循饮食（喝奶）、清醒、睡觉的规律，就不容易让宝宝混淆。

亲喂母乳无法睡过夜最重要的因素是，宝宝习惯晚上浅眠清醒时用乳头安抚自己再度入睡，或是厌奶却没有及时给予副食品而导致夜奶。

十二、大家的宝宝睡过夜就每天都会安安静静睡到早上吗？

刚开始睡过夜时，妈妈都会问这个问题。事实上，所有的宝宝一开始都会不太稳定，可能会睡过夜几天，又突然某天没睡过夜，慢慢就会天天睡过夜了。

十三、宝宝都准时4点醒来哭要奶，是不是生理时钟卡住了？

如果宝宝还在 4 个月内，请勿采用让宝宝大哭一整夜的方式，宝宝只是因为体力和食量无法支持他一整夜的睡眠，建议你缓两个礼拜后再评估是否要让宝宝睡过夜。

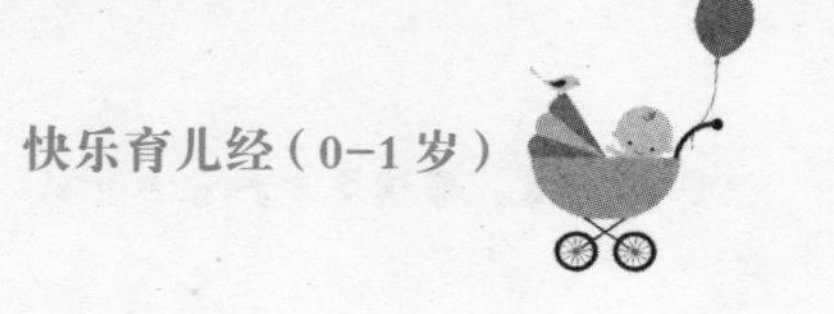

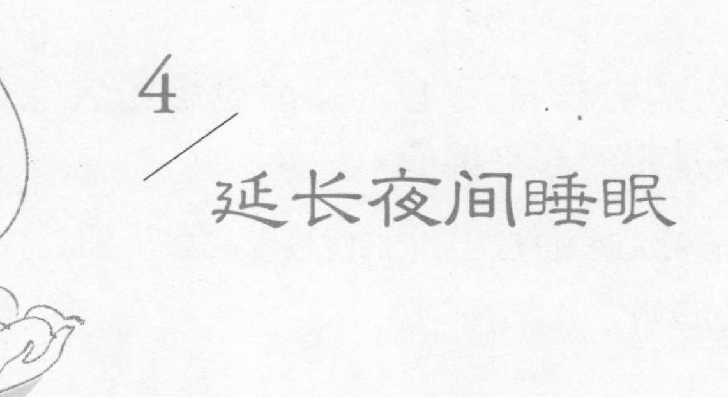

4 延长夜间睡眠

多数的妈妈只要成功戒掉夜奶，就会急急忙忙寻求延长睡眠的方法。我都会跟新手妈妈说：别急！你的宝宝还没准备好。

不过，在 3 个月前，你还是可以替宝宝规划如何延长睡眠的，决定后就大胆施行，反正哭醒就代表宝宝还没准备好。睡眠是一种习惯，你正在帮助宝宝习惯这种长时间的睡眠模式。多数的宝宝准备好就会告诉妈妈：我可以延长睡眠了！

错误的想法：我一定要让宝宝晚上睡 12 个小时。每个宝宝实际能延长多久的睡眠，要看他需要多少的睡眠量，也要符合他的体力、家庭状况，你要观察你的宝宝再来决定。只要宝宝能睡 10~12 小时即可。

延长睡眠的定义：在睡过夜睡满 8 小时后，夜间再睡 2~4 小时，夜间连续睡 10~12 小时，中间不需起床喝奶。

延长睡眠的事前准备

在戒完夜奶后，一定还会有一餐是在晚上喂（多数是在第五餐），该餐请不要叫醒宝宝，可以开小灯将宝宝直接抱起来喂奶，喂完打完嗝后就将宝宝放回床上睡。

妈妈一定要大胆放手做，不要害怕宝宝会肚子饿，孩子不会饿到自己，饿一定会哭着要奶，如果失败了再喂第五餐就好。

钧妈碎碎念

延长睡眠需要妈妈放手去试，有很多妈妈害怕（作息已经固定，怕改变），致使到八九个月后依然在喂第五餐，这样小孩就会习惯该时间点起床喝奶。

【宝宝发出延长睡眠的信息】

1）第五餐无论怎么叫都叫不醒，完全不愿意起床喝奶。

2）就算抱起来喝奶，没几口就睡着，或只喝一点放上床立刻就睡着。

3）4个月后开始吃副食品，且吃得很好。

延长睡眠的方法

【方法1】往前延长睡眠

7:00	第一餐	喝奶＋清醒
8:30~11:00	第一段小睡	
11:00	第二餐	喝奶＋清醒
12:30~15:00	第二段小睡	
15:00	第三餐	喝奶＋清醒
16:30~19:00	第三段小睡	

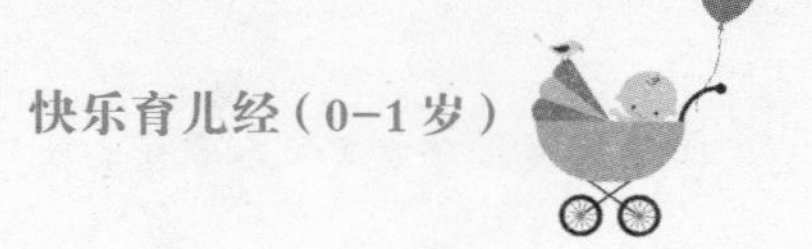

19:00	第四餐（睡前奶）	洗澡、喝奶＋清醒
20:30~23:00	第四段小睡	
23:00	第五餐	

这时宝宝已经能从 23:00 睡到早上 7:00，你希望宝宝能不喝晚上 23:00 的第五餐奶，直接从 20:30 睡到第二天早上 7:00，这就是往前延长睡眠。

戒完夜奶后的作息是：19:00 喝完睡前奶休息一会儿后，20:30 上床睡觉，23:00 轻轻抱起来喂奶，打嗝完后就放回床上。3 个月前后，等到 23:00 怎么叫都叫不醒或宝宝不开口喝奶时，就不需要再叫宝宝起床喝奶，这样就能让宝宝连睡 10 小时。如果想让宝宝连睡 11~12 小时，只要在戒夜奶和延长睡眠成功后再将作息调整成：

16:30~18:00	第三段小睡	
18:00	洗澡	
18:30	第四餐（睡前奶）	喝奶＋清醒
19:30	上床睡觉	

如果宝宝奶量不够大或体重比较轻，无法一口气睡 12 小时，可将睡眠时间调整成 10 小时。等到宝宝吃副食品或较大月龄时，有体力睡更久，再慢慢把宝宝晚上上床睡觉的时间提前延长成晚上睡 11~12 小时。

职业妈妈也适合这样做，就稳定在每天晚上睡 10 小时（21:00~7:00），回到家有时间跟宝宝亲密互动，不需要急急忙忙送上床睡觉（恐怕很多职业妇女晚上 7 点才刚到家）。

这也比较适合月龄超过 4 个月的宝宝，因为宝宝会逐渐习惯早上起床的

时间，想让宝宝更晚起床会有难度。如果要让宝宝晚上睡得更久更长，只能采用此方法，让他提前上床睡觉。

适合对象：母乳宝宝、奶量小的宝宝、月龄超过4个月的宝宝、食量大或配方奶的宝宝、双薪家庭。

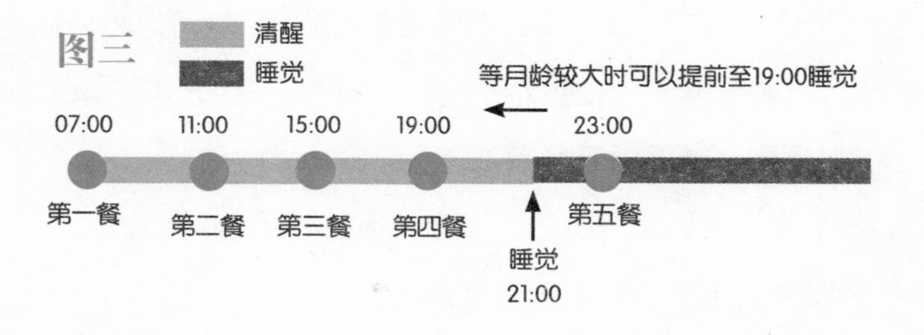

【方法2】往后延长睡眠

7:00	第一餐	喝奶+清醒
8:30~11:00	第一段小睡	
11:00	第二餐	喝奶+清醒
12:30~15:00	第二段小睡	
15:00	第三餐	喝奶+清醒
16:30~18:00（图二）或18:30（图一）	第三段小睡，压缩此段小睡时间	
18:00（图二）或18:30（图一）	提前叫起床洗澡	
18:30（图二）或19:00（图一）	第四餐（睡前奶）	喝奶+清醒
19:00（图二）或19:30（图一）	上床睡觉	
3:00	第五餐（让宝宝在睡梦中喝奶）	

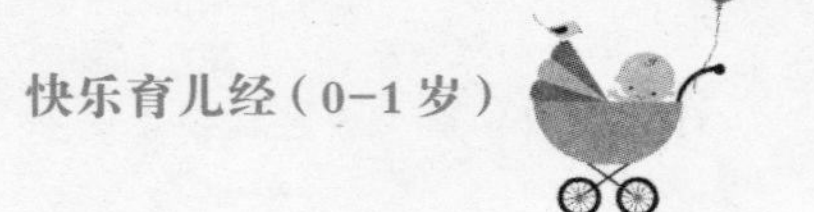

一开始就压缩第三段小睡，宝宝就很容易能先戒掉第五餐，这时会剩下第六餐，你希望帮宝宝省掉第六餐，让他晚上连续睡 12 小时。戒夜奶后，不必提前 10 分钟叫醒，只需轻轻抱起宝宝，在安静且开小灯或关灯的状况下喂奶，甚至不吵醒宝宝，让宝宝在睡梦中喝奶，喝完打嗝再放回去，直到早上 7 点叫醒，开始美好的一天。等到小孩第一餐开始喝不到原有的量时，就可以慢慢减少半夜 3 点的奶量，如果小孩喝第一餐奶的情况不好（或少于 60 毫升），就直接删掉 3 点那餐。我家钧是在 3 个月时开始睡 12 小时。

这种方法必须配合压缩第三段小睡，才能顺利戒掉 23:00 那餐。

适合对象：食量大的宝宝、配方奶宝宝。

我家休息比较晚，10:00（第一餐）— 14:00 — 18:00 — 22:00（睡前奶）— 2:00 — 6:00。在钧 7 周时戒 2 点的夜奶，并睡过夜。22 点喝完睡前奶，6 点轻轻抱起来喝奶，喝完打嗝就睡，起初钧在 6 点抱起床时，会睁开眼睛很清醒地喝奶，渐渐喝一下就睡着。接近 3 个月时，我开始慢慢减少奶量，第一餐喝不下时就顺势把 6 点该餐删掉。

【方法3】延长喝奶时间（吃副食品）的方式

假设作息表是 7:00（第一餐）— 11:00 — 15:00 — 19:00 — 23:00，可改成 4.5 小时喂一次：07:00 — 11:30 — 16:00 — 20:30（睡前奶），喝完睡前奶后再陪宝宝做安静点的活动，约 21:30 上床睡觉，大约睡 10~10.5 小时。

钧妈碎碎念

建议除非宝宝开始轻微厌奶或开始吃副食品再用这种延长方式，假设你的宝宝很爱吃（喝奶比睡觉重要），延长喝奶时间会较难办到。

【方法4】确认宝宝能睡多久

约 2.5 个月 ~3 个月，规律作息和戒完夜奶稳定之后，当每天第一餐都要妈妈叫才会起床时，就可以测试一下小孩可以睡多久。喝完睡前奶后，就让宝宝睡到自然醒，再来重新安排第一餐的时间和作息表，此后还是一样每天固定、规律作息，但是对超过 4 个月的宝宝不适用。

【方法5】前后微调

与上个方法有异曲同工之妙，举例来说：原本作息为 6 点（第一餐）— 10 点— 14 点— 18 点— 22 点，就改成 7 点— 11 点— 15 点— 19 点— 22 点，只是用提前或延后增加睡眠时间，同样对超过 4 个月的宝宝不适用。

【方法6】随着餐数调整睡眠时间

改 4 顿餐时，每餐间隔 4.5 小时，让孩子睡 9~10 小时；改 3 顿餐时，每餐间隔 5.5 小时，睡 10~12 小时。

适合对象：所有宝宝和所有的月龄。

钧妈碎碎念

不是每个宝宝都能顺利在 3~4 个月时延长睡眠，约三分之一的宝宝会一直等到吃副食品时才有体力延长睡眠，但还是需要保持晚上就是睡眠时间习惯的，你可以用方法 6 来延长宝宝的夜晚睡眠，或是等吃副食品再删掉一餐。

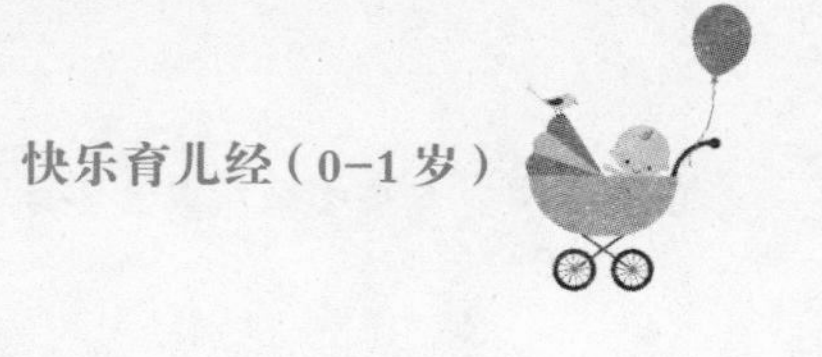

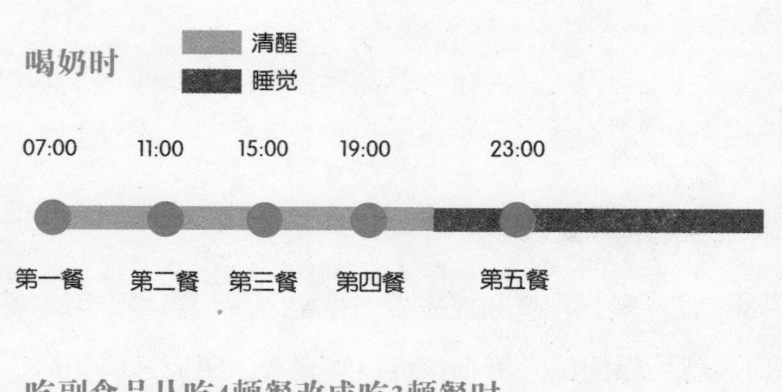

吃副食品从吃4顿餐改成吃3顿餐时

07:00 12:00 18:00

第一餐 第二餐 第三餐 睡觉

【方法7】慢慢把第五餐提前

发现宝宝第五餐总是喝很少时，每天提前一点时间喂奶，第一天提前 15 分钟、第二天提前 30 分钟，直到提前至与上一餐喂奶时间间隔少于 1 小时就直接删掉这餐。

举例来说：宝宝睡前奶在 19:00、第五餐是 23:00，第一天第五餐提前到 22:45，第二天提前到 22:30……以此类推，当第五餐提前到 20:00 时就直接删掉这餐。

有些宝宝会在第四 ~ 第五餐之间发生黄昏时的哭闹，会闹到喝完奶才停止哭泣，建议可以用这种方法慢慢提前喂奶时间顺势戒掉第五餐。

3 个延长睡眠的常见问题

一、为什么要延长睡眠至10~12小时，8小时不行吗？

连续但短暂的睡眠和长时间的连续睡眠，哪一个更能让人恢复体力呢？当然是后者，且小孩的体力本来就跟大人不一样，更需要充足的睡眠。对照顾者而言，也能有比较久的休息时间。

二、若想帮宝宝延长睡眠，白天要不要增加奶量？

不用，等戒掉夜奶后或延长睡眠后，过一阵子宝宝会自动调整白天所需奶量，你只要喂到宝宝不喝即可，不需要硬增加宝宝的奶量，而是要注意宝宝是否喝完还哭着要继续喝。

三、我本来是按早上10点第一餐的作息，可是因为家庭因素想改成早上7点第一餐的作息，怎么改？何时能改？

等到戒完夜奶、作息稳定后再更改，决定更改的那一天，早上 7 点把宝宝叫醒，第一餐即可从 10 点改成 7 点。请妈妈在决定作息时考虑详细，因为新生儿要适应新作息都需要花上一段时间，也容易因为作息改变产生混乱而哭闹。

第四章

3~6 个月：享受快乐育儿生活

1 3~6 个月的作息规划与调整

恭喜你现在已经脱离 0~3 个月的习惯养成期，只要你认真执行规律作息，从第 3 个月开始宝宝每天早上起床都会用微笑迎接父母，你很少听到哭声，你以为从此可以快乐带宝宝了吗？错了！育儿是个很长远的路程，每个月龄都有每个月龄的课题。

本阶段调整重点

一、延长白天清醒时间

宝宝满 3 个月后，要主动慢慢延长宝宝的清醒时间。3~6 个月的宝宝，平均每次可以清醒 2 小时，每次小睡不可以超过 3 小时。

夜晚睡12个小时的每段平均睡眠时间

	3~4个月	4~5.5个月	5.5~6个月
第一段小睡	2小时	2小时	2小时

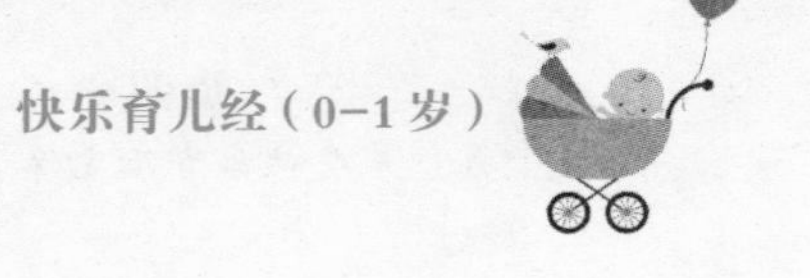

第二段小睡	2小时	2小时	2小时
第三段小睡	30~40分	30分	0~30分
夜晚长睡眠	12小时	12小时	12小时
平均睡眠时间	17~16小时	17~16小时	17~16小时

夜晚睡10个小时的每段平均睡眠时间

	3~4个月	4~5.5个月	5.5~6个月
第一段小睡	2.5~2小时	2小时	2小时
第二段小睡	2.5~2小时	2小时	2小时
第三段小睡	2小时	2小时	2小时
夜晚长睡眠	10小时	10小时	10小时
平均睡眠时间	17~16小时	17~16小时	17~16小时

3 个月的宝宝，约有三分之二已经睡过夜，并连睡 8 小时，假如你的宝宝尚未睡过夜，请检查作息，确认作息是否固定，白天是否有睡太多的倾向，奶量、夜奶是否固定。约有半数宝宝已经延长睡眠，假如你的宝宝晚上只能连睡 10 小时，请别担心，等吃副食品后再逐步延长到连睡 12 小时或继续保持 10~11 小时。

3 个月前，你正在跟宝宝互相磨合，宝宝正在习惯作息，学习自行入睡，你必须观察并记录宝宝清醒的时间，调整成宝宝能接受的作息；3 个月后，要由你“带领”宝宝适应你所调整的作息，慢慢延长白天的清醒时间。

钧妈碎碎念

3个月后宝宝的睡眠会稳下来，不需要再看宝宝累不累，时间到直接放上床睡觉就好，他也会习惯累了躺上床就睡觉。你可以将每段小睡时间调整得一样长。

二、决定小孩何时结束小睡时间和离开小床

一天的生活中，最不需要干预的部分就是睡觉，超过4个月后，如果白天小睡时间还没结束宝宝就起床，该怎么办？睡眠很忌讳干预，宝宝醒来时如果不是肚子饿，会在床上玩。请坚持一个原则：让宝宝多留在床上一阵子，慢慢让宝宝习惯后，小睡时间没有结束就不进房抱他起床，这是学习独自玩耍的第一步，他也会习惯半夜玩一玩再继续睡，不会闹着要你陪他玩。假设宝宝无聊开始哭泣，建议先观察状况，不要急着去处理，如果哭累了，让宝宝下一段小睡早点睡就好。

钧妈碎碎念

小孩睡觉也是妈妈忙碌的开始，全职妈妈常被外界误认为：整天闲着没事做，还可以睡觉！其实妈妈一整天非常忙碌，琐碎杂事非常多，常忙到连吃口饭的时间都没有。建议要学着规划自己的时间，例如趁宝宝小睡时做完家务，不必紧张兮兮，一听到宝宝哭声就冲去抱小孩，等宝宝小睡时间结束后再进房叫醒宝宝，这样会让你的家庭生活井然有序。

三、晚上睡眠时间要集中

有些妈妈会沿用前3个月的作息，不让宝宝延长夜晚睡眠，晚上只睡6~8小时就行，然而长久下来，宝宝的睡眠会被拆得很零散，且大幅减少。建议吃副食品之前，白天保持3~4段小睡，增加宝宝的睡眠时间。

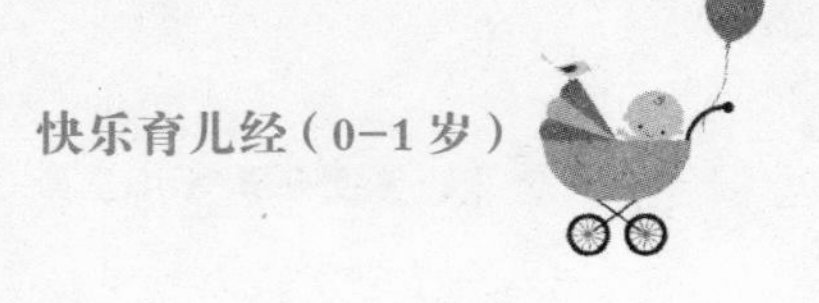

3个月后零散的错误作息

时间	内容	分段
6:00	第一餐	第一段
8:00~10:00	小睡	
10:00	第二餐	第二段
12:00~14:00	小睡	
14:00	第三餐	第三段
16:00~18:00	小睡	
18:00	第四餐	第四段
20:00~22:00	小睡	
22:00	第五餐	第五段
24:00~06:00	晚上长睡眠	

表中妈妈将22:00~24:00当成白天与孩子玩耍，大幅减少孩子的睡眠。较妥当的做法应该是20:00~24:00都让孩子睡觉，睡到隔天6点共10小时，即便22:00喝奶也应该是开小灯喂奶，喂完就继续睡。

四、5个半月开始，删减第三段小睡，延长夜晚的睡眠时间

从5个半月开始，你可以慢慢削减第三段小睡时间，让宝宝提前睡觉，等6或7个月，不需要睡第三段小睡后，作息会变成结束上一段小睡连续清醒3~4小时后，再接着开始晚上的长睡眠。

五、睡婴儿床且和父母同房，该如何不干扰宝宝入睡？

三四个月后，婴儿已经可以看到固定的物体，视线随着物体移动。如果爸妈在宝宝正要入睡时，还在房内走动就会干扰宝宝入睡，为了能让宝宝安稳地自己入睡，可以建立属于自己家的睡前仪式，让宝宝知道该睡觉。做完睡前仪式后，父母离开房间、关灯（或开小灯），让他入睡，父母可以等孩子熟睡后再入房睡觉。

宝宝需要的睡眠比大人多，俗语说得好，“一暝大一吋”，稳定的睡眠可恢复体力，有助于分泌成长激素、增进记忆力等。但是大人睡眠所需时间比孩子少很多,要跟小孩同时睡同时醒有很大的困难度。在我家，都是钧先睡（22:00），然后24:00前就是我们夫妻独处的时间，享受两人甜蜜的时刻，促进家庭和谐，24:00我们夫妻再悄悄地进入房间睡觉。

【钧妈3~6个月的作息范例】（实际作息需依每个家庭而定，仅供参考）

范例一：晚上睡10小时

7:00	第一餐
9:00~11:00	第一段小睡
11:00	第二餐
13:00~15:00	第二段小睡
15:00	第三餐
17:00~19:00	第三段小睡
19:00	第四餐
21:00	上床睡觉

范例二：有些宝宝早上比较想睡，只能醒1.5小时

7:00	第一餐
8:30~11:00	第一段小睡
11:00	第二餐
13:00~15:00	第二段小睡
15:00	第三餐
17:00~19:00	第三段小睡

19:00	第四餐
21:00	上床睡觉

范例三：钧晚上睡12小时的作息

10:00	第一餐
12:00~14:00	第一段小睡
14:00	第二餐
16:00~18:00	第二段小睡
18:00	第三餐
20:00~20:30	第三段小睡（缩短小睡）
	洗澡
21:30	第四餐
22:00	上床睡觉

范例四：晚上11个小时的睡法

7:00	第一餐
9:00~11:00	第一段小睡
11:00	第二餐
13:00~15:00	第二段小睡
15:00	第三餐
17:00~18:00	第三段小睡（缩短小睡）
19:00	第四餐
20:00	上床睡觉

常见的意外状况

3个月后的宝宝会很好带，但妈妈还是面临着各种各样的挑战，以下列举可能会发生的问题。

一、翻身哭

婴儿约在3~6个月期间（视发展进度）开始学翻身，半夜睡到一半会不小心翻身（趴睡变成仰睡，或仰睡变成趴睡），接着开始大哭。此时，大人只需要帮他一把，或是让他尝试自己翻回去。白天多陪他练习翻身，很快就会度过这段时间。如果宝宝习惯晚上睡着后翻身继续睡，往后的睡觉姿势就会很乱。

钧妈碎碎念

妈妈这时候好不容易晚上能好好睡觉，结果宝宝又开始半夜啼哭，妈妈疲于起床帮他翻身。有些妈妈会将抱枕、枕头、棉被卷成长筒状放在婴儿的身边，避免宝宝翻身哭泣——这其实是很危险的，宝宝很容易闷到窒息死亡。床上必须清空，不能摆任何东西，宝宝可以改穿防踢被、睡袋或肚围。

我自己睡眠比较浅，等钧三四岁后偶尔有一起睡的情况，跟他睡觉就会被他踢、踹，或是床头滚到床尾又滚到床下（他都不会醒），还打呼，可怜的我往往整晚无法睡觉。像这种情况，为了保证彼此的睡眠质量，让婴儿睡独立的婴儿床才是上策。

二、无聊地哭

前6个月，白天清醒时宝宝会因为身体无法移动，无聊而哭，音量较低，哭一下停一下接着哭。妈妈可以在宝宝喝完奶后精神尚佳时，拿健力架让他自己玩个十几分钟，再接着陪孩子玩到他累了想睡为止。此时应多陪孩子一起玩，把家务先放在一边。

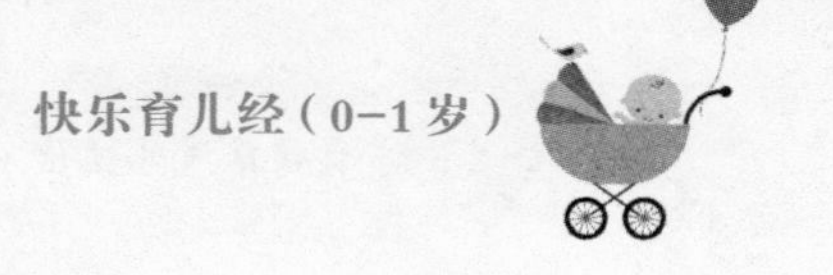

钧妈碎碎念

6 个月前的宝宝睡眠时间非常多，应该将家务放在小睡时间，不需要急着训练宝宝自己玩。

三、半夜或清晨起床玩

宝宝脑神经发展迅速，3~4 个月后会半夜或清晨醒来自己玩，建议妈妈不需要理会，让他自己玩一玩再自行睡去。

钧妈碎碎念

宝宝不真的饿是不会大哭的。睡眠最不需要干预，晚上不要一有动静或扭来扭去就急着喂奶或安抚。半夜醒来玩没关系，不要理会宝宝，让他自己玩一玩再睡去就好。

四、长牙、生病和打预防针

长牙会造成晚上睡不好，你可以买长牙舒缓剂帮宝宝涂在小白点上，打预防针也会造成一星期左右的作息大乱，动不动一直乱哭。妈妈可以尽可能维持作息，如果真的不能维持也不用勉强，等宝宝恢复健康后再调整回来。生病的宝宝病愈后一星期最难照顾，会变得更黏妈妈，你可以等宝宝康复后再恢复原有的规律作息。

钧妈碎碎念

有些新手妈妈会因为过于害怕宝宝养成新的坏习惯，而放任宝宝哭。不用太担心！宝宝生病是因为生理上的需求，你应该积极照顾他，安抚生病难过的宝宝，像亲喂的妈妈会以乳房安抚。钧的安抚方法非常有趣，他很喜欢趴在我的膝盖上，我用拍痰的方法拍背，拍着拍着他就会睡着。你也能找出让宝宝更舒服的方式。切记，半夜宝宝哭不要先考虑喂奶，感冒的孩子喉咙会痛，可以喂点水或以其他方式安抚。

五、提前起床

当宝宝越来越早起床时，请你考虑以下原因：

⊙阳光照进房间，温度太低或太高导致宝宝无法继续睡

改善：房间装隔光窗帘，室内开冷暖气

⊙前一天白天摄取的热量不足

改善：开始吃副食品或增加奶量

⊙外来的干扰（例如：爸爸起床吵到小孩）

改善：与宝宝分房或请大人小声一点

⊙你把第一餐的时间定得太晚

改善：调整作息表，第一餐的时间提前

钧妈碎碎念

制订作息一定要“符合家庭作息”，若把作息定太晚，宝宝很容易被阳光或温差影响。钧的房间在我家的正中央，即便如此，只要走廊的窗帘没拉好让阳光照进来，钧就会提前起床，屡试不爽。

如果宝宝早上比预定的第一餐时间起床早该怎么办？躺在床上的你一定会思考这个问题。很简单，不理他！请记住前文所述，是你决定宝宝离开床的时间，让他在床上玩，等第一餐时间到再抱宝宝起床。如果宝宝是无聊地哭，你可以选择不理会；假设宝宝是因为肚子饿哭闹不止，你可以先拖延一下时间（抱着哄哄他），真的无法拖延就提前半小时至一小时喂，下一餐还是一样的时间（举例：第一餐是7点，宝宝因为肚子饿而6:30喂，下一餐还是一样在11点喂），只是一定要找出宝宝提前醒的原因，才不会形成恶性循环。

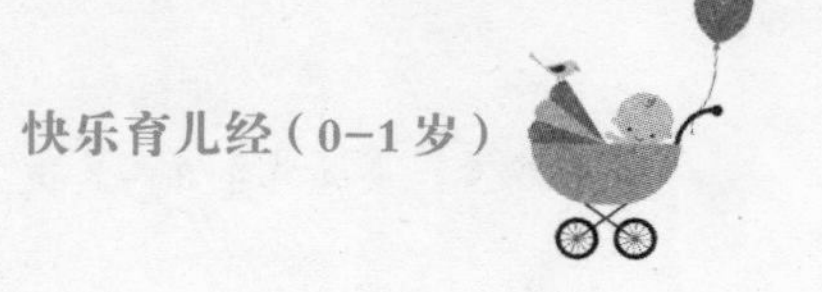

六、不专心喝奶

宝宝这时候的视线集中，已经可以跟着物体移动，好奇心很重，无法专心喝奶，多数的宝宝会喝几口就停止并看向别的地方，比如声音的来源，妈妈喂一顿奶花的时间变长。比较好的建议是，妈妈每次要喂奶时，找一个安静的环境喂奶，孩子分心停止吸吮时，妈妈要把乳房或奶瓶移开宝宝的嘴巴，提醒他继续喝；如果宝宝没有将奶喝完，可以休息 15~20 分钟后再继续喂，但是无论孩子有没有把奶喝完，1 小时后就要停止喂奶，因为离下一顿奶要有 2~3 小时的间隔，好让他消化胃中的奶。

10 个调整作息的常见问题

一、宝宝刚入睡或睡觉时，都会匍匐前进，卡在床头大哭，我该怎么办？

婴儿床这时候可以加上床围，如果卡住，你可以帮他一次，将他移回床中央，试着让宝宝学习适应并自己解决。

二、既然说小睡结束前不能离开床，可是我的宝宝每段小睡都提前醒来哭，怎么办？

如果不是浅眠不懂得重新入睡，建议检查是否太早让宝宝小睡（可以醒更久），或是宝宝没有喝到足够的奶，该开始吃副食品。

三、小孩晚上一直因为不小心翻过来而大哭，我只好开始哄他睡，该怎么让宝宝回到以前规律的作息？

请重新教宝宝规律作息和自行入睡。请别担心，因为宝宝已经习惯自己入睡，再一次教自行入睡速度会很快。

四、我想延长宝宝清醒的时间，可是他没办法清醒地撑着，怎么办？

在一开始延长宝宝清醒的时间时,宝宝一定会不习惯。假设你日夜颠倒，早上一定非常想睡，晚上一定很有精神，若要改变这样的状况，就必须经历一段早上很想睡却必须保持清醒的痛苦时期。对宝宝则可和缓一点，5 分或 10 分钟一点一点地延长。规律作息也不是泡泡面，不可能一天就看到效果，必须持之以恒，让宝宝习惯。

五、何谓一夜到天亮？大家的宝宝真的都是整个晚上都安安静静地睡，不会爬起来玩哭吗？

没有一个宝宝是真正一觉到天亮。先想想自己是否曾经半夜因为旁边的打呼声或其他不明原因突然醒来，确认没问题后又继续迷迷糊糊地睡去？我们就是要教孩子“学习”醒来后在有困意时又继续睡去的方法。

新生儿在前几个月半夜睡觉都很吵，突发状况也多，新手妈妈尽量要保持“宝宝没大哭就不要安抚、抱、喂奶”。四五个月后宝宝也会半夜突然爬起来玩又睡去，慢慢宝宝的睡眠就会越来越稳定。养成规律作息的宝宝在发生异常状况时都比一般孩子容易发现！

六、我的宝宝4个月以前都可以不喝夜奶睡10~12个小时，为什么现在开始半夜哭着要喝奶？（发问频率第一名）

宝宝所摄取的热量在出生的前 6 个月会决定他是否能安稳睡过夜，故当宝宝开始半夜大哭要奶喝时，就表示妈妈应该开始添加副食品，不需要坚持

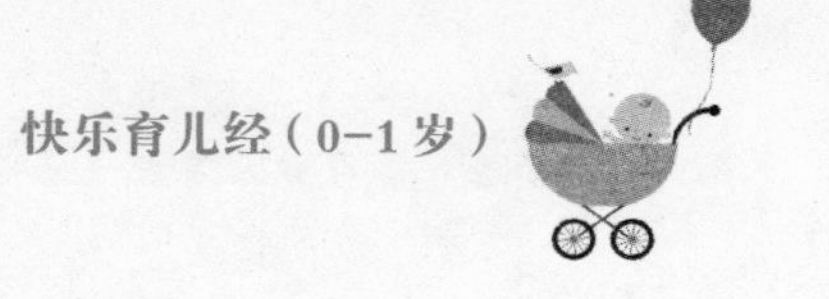

到6个月才添副食品。多数不知道原因的妈妈会开始哄睡、喂夜奶，渐渐又养成习惯。

七、宝宝睡过夜，连睡10~12小时，半夜要换尿布吗？

不需要，晚上可以选用大一号且较好的尿布。喝完睡前奶后休息一下，等要睡觉时再换上新的尿布即可。少数对尿湿很敏感的宝宝，大人可以在上床睡觉前，在宝宝熟睡时，悄悄帮他换一次尿布，接下来宝宝就可以睡到天亮。

八、如果我是3个月才开始帮宝宝培养规律作息，该从何做起？

请按规律作息、自行入睡、戒夜奶的顺序做，睡眠的时数可以参考本章及你观察到的宝宝的作息来执行。

九、宝宝长牙了，半夜一直叫，好像很不舒服，我可以亲喂母乳安抚他下吗？

可以的，宝宝半夜真的非常不舒服时，建议你偶尔亲喂母乳安抚一下，只要不养成习惯就好，并注意小孩的身体状况，也可以使用长牙舒缓剂减缓长牙的不舒服感。

十、宝宝开始吃副食品就不喝奶，怎么办？

厌奶的宝宝刚开始吃副食品时，都会很喜欢这个新味道，然而孩子的喜好都是一阵一阵的，这阵子喜欢副食品，过阵子又喜欢喝奶，妈妈只要放宽心，好好喂副食品，不喜欢喝奶就努力喂孩子副食品即可。

2 开始吃副食品

宝宝开始吃副食品时，妈妈通常都需要做很多功课，购买很多器具，到底该怎么做才能让宝宝吃得顺利又营养呢?

每位妈妈都有共同的记忆：宝宝不吃被气到内伤，担心宝宝过瘦。下面的说明能让妈妈少做很多功课，并且事半功倍。

需要准备的几项法宝

一、调理机器

目前市面上分成调理棒和调理机，如果经济条件允许，建议两种都买；如果经济不允许，只买调理机就好。调理机可以打少量或大量的食物泥，等宝宝长大后也能打果汁、蔬果汁、冰沙等。

【调理棒】

优点：一开始可以选择调理棒，价格低，体积小，好清洗，也可以打少量的食物。愿意每餐弄新鲜食物泥的妈妈,调理棒是很好的选择。

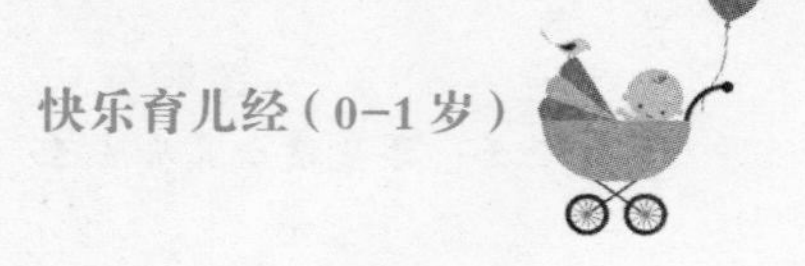

等宝宝月龄比较大后，也可以用调理棒把食材打成细颗粒。

缺点：调理棒的马力较小，像黑猪肉、土鸡肉等品质好的肉质纤维较硬，无法打细，延长打泥的时间或长时间运作又容易造成机器过热。规律作息的宝宝食量较大，每餐的泥量会越来越大，调理棒很快就会无法负荷。

【调理机】

优点：马力大，能快速将食物打成细泥，宝宝的食量会很快就大到需要用调理机打泥。

缺点：噪音很大，如果在宝宝睡觉时使用容易吵到宝宝，价格也比较高。

二、碗和汤匙

宝宝通常没有很大的耐心，喂饭速度一定要快，汤匙的选择非常重要，建议不要买市面上的小汤匙，可以买大一点的、长形且较深的汤匙。碗用浅底即可。

三、围兜

一开始可以用普通纱布巾，慢慢可以用专用的围兜，避免吃得满身都是食物。

四、椅子

在宝宝还没办法坐直时，可以把宝宝抱在怀中，让宝宝躺在推车中或斜躺的椅子上。假如宝宝还不能坐餐椅，硬要他坐进去，他会反抗，头也会一直低着，根本无法喂食。

等宝宝可以坐直后，一开始时让宝宝坐在餐椅中玩耍，等习惯后宝宝就会每餐都坐在餐椅上才开始吃饭。养成在餐椅上吃饭这个习惯非常重要，钧1岁前习惯在餐椅上吃饭后，外出吃饭也会坐在餐椅上，后来改坐一般椅子后也会乖乖吃完，不会随便离开餐桌，这都需要父母坚持教育。

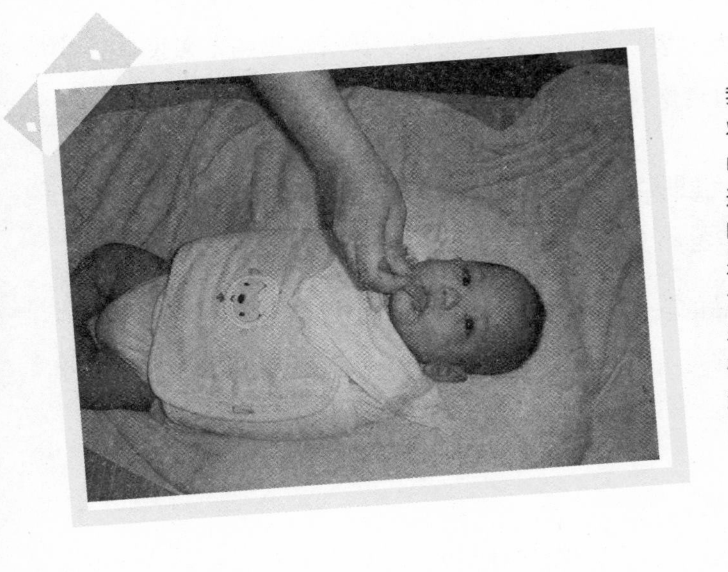

我比较笨拙，不会抱着喂，就将U形枕中间垫上折起来的浴巾，上面再铺上一层大浴巾，避免弄脏U形枕，让钧斜躺着喂副食品。用肚围把钧包起来是因为每次喂时，钧会用手把汤匙推开。还好钧愿意被包起来，因为根据经验，很多小孩被包起来喂时都会哭，这个方法并不实用。

五、分装容器

假如你每天现准备饭就不需要选择分装的容器。多数妈妈会选择3天或一星期做一次副食品，分装的副食品建议最多冷冻7天，冷冻太久食物容易走味。

量少时可以一种口味做一个冰砖，用小容器或制冰盒装，每餐再按食量拿几块加热，好处是可以每餐变换口味。等量大时再选择复合食材一起蒸熟打成泥，再按宝宝食量用大容器分装冷冻。

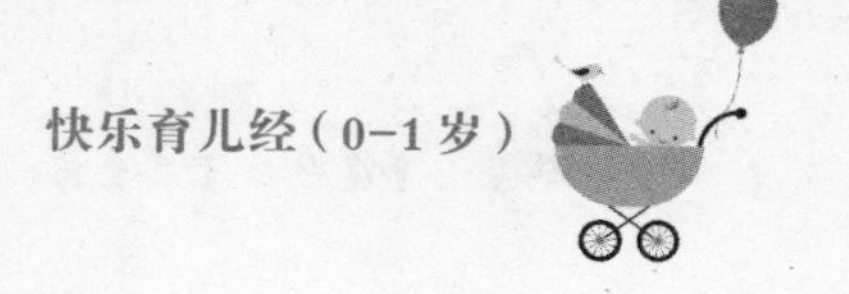

何时可以开始喂副食品

只要宝宝有以下任何一项特征出现，就能开始喂副食品：

一、每餐奶量高达180~240毫升

宝宝奶量越来越大，表示他的食量越来越大，但是妈妈不可能无休止地增加奶量，建议开始喂食饱腹感高的副食品。

二、本来可以晚上稳睡10~12小时，一样睡过夜，但突然起床越来越早，而原因不是阳光刺激或太冷太热太吵

这算是需要副食品的轻微症状，因为喝进去的奶无法应付身体所需热量（奶好消化，水分含量高），也无法让宝宝睡一整夜，宝宝自然肚子饿得越来越早，起床讨奶喝。

三、开始流口水

唾液中含有淀粉酶，帮人体将淀粉转化为糖类，当宝宝开始流口水时，表示他的消化器官发育正常，也是在提醒父母：可以开始添加副食品了。

四、厌奶

婴儿的尿布一天之中约3~4小时更换一次，通常妈妈每次更换时都会觉得很重，尤其是睡过夜的那块尿布。但当你发现亲喂母乳的孩子尿布一天比一天轻，喝奶的时间一天比一天短，甚至很饿也不愿意认真喝奶；而用奶瓶喂奶的孩子都要花很长的时间（长达一小时）才能喝完一瓶奶或喝一点就不愿意再喝，这就表示他厌奶了。

当婴儿讨厌喝奶甚至看到奶瓶或乳头就开始哭泣时，表示厌奶非常严重。在日常生活上的改变是：白天小睡本来很稳定，却开始变得小睡睡一半就开始哭，早上起床越来越早，入睡困难，夜晚都要哭很久才愿意睡、情绪不稳定，动不动就狂哭不止。有些母亲期望宝宝厌奶情况能够改善，而且不添喂副食品，坚持让宝宝饿 4 小时才喂奶，认为这样婴儿就会有胃口喝奶，事实上相反，多数婴儿是宁可继续饿或喝一点奶就不愿意继续喝以此来表明他讨厌奶。3~4 个月时，是婴儿厌奶的高峰期。

有些妈妈会选择让孩子睡着时喝奶，但这是下下策，一旦孩子习惯就算醒来也不饿，就更不肯好好醒着进食。

有些育儿书会建议母亲调回白天 3 小时喝一次奶，我觉得，除非是遇到成长冲刺期，不然不建议这样做，不如给孩子添副食品来缓解这样的现象。就算是大人，假设连喝 3 个月的奶都不吃任何其他食物，也会变得厌恶喝奶，这是正常的，妈妈不需要担心孩子从此不喝奶，因为孩子喜欢吃的食物都在不停改变，一旦副食品吃得多或吃腻时，就又会想喝奶。

五、4个月后就可以开始尝试

不建议撑到 6 个月以后才给副食品，越晚添加副食品，孩子的接受度会越低（因为他没有用汤匙饮食的习惯），母亲要让孩子习惯吃副食品所付出的努力就要越大。而且，建议不要把米精或副食品加入奶中用奶瓶喂，因为添加副食品还有另一个目的，就是要让孩子慢慢习惯用汤匙进食，况且把米精加进奶瓶中做成的配方奶浓度太高，若给孩子食用，肠胃不好的孩子容易腹泻或便秘。

六、开始夜奶

最常发生的状况是，宝宝早在 3 个月前就已经睡过夜，却突然在 3~4 个月时又开始半夜响起响亮的哭声要喝奶，表示宝宝身体此时处于成长冲刺期，白天摄取的热量已经无法满足身体成长所需。建议增加白天的奶量或是开始吃副食品，然而宝宝的胃容量有限，不可能无休止地增加奶量，此时副食品能比奶提供更多热量，可以优先选择吃副食品。

钧妈碎碎念

6 个月前的宝宝会因为摄取热量不足、吃不饱导致喝夜奶或提前起床，但是 6 个月后睡过夜已经是一种习惯，不会因为吃不够而喝夜奶。

副食品食材顺序四步

每样食材都需要尝试 3~5 天，每天尝试一次，一次新增一样食材，顺序依序为淀粉、水果、蔬菜、蛋白质。此建议的目的是，一方面让宝宝的肠胃慢慢习惯奶以外的食物，一方面观察宝宝是否腹泻或过敏、呕吐，帮助妈妈快速找出原因。过敏的症状是全身起红疹，腹泻一天超过三五次。宝宝一开始有可能将副食品原状排泄出来，或是些微软便或糊状便，这是正常的，慢慢就会改变。

【第一步】淀粉类

一开始可以先从米汤开始，确认是否淀粉过敏。

米汤的做法：将米与水以 1：10 方式用电锅煮成粥，可以只捞最上面的汤给宝宝喝，或是全部用调理机打成米泥（米糊）给宝宝吃。

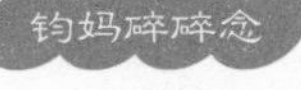

我在钧4个月时，四处搜集各种品牌的米精给钧吃，后来他习惯了米精的甜味，反而不愿意吃一般的食物泥。为此，我一开始采取让钧饿的方式，这餐不吃食物泥就下一餐再喂，但钧很固执，连续三餐都是吃一两口就不吃了，最后解决的办法是将食物泥和米精调和，等钧慢慢吃习惯后再减少米精的量。

天然最好！建议一开始从米汤、米糊开始，而非米精，假如宝宝排斥不吃，也不用太沮丧，持续喂，孩子慢慢就会习惯。

【第二步】水果类

等米汤（米糊）吃3~7天确认不会过敏后，可以选安全的水果做成泥，像苹果泥、香蕉泥（一次选一种水果），和米糊混合一起给宝宝尝试。

以下是容易引起过敏的水果，建议晚一点或1岁后再尝试：柑橘类（橘子、椪柑、柳丁、金橘、柳橙、葡萄柚）、带毛的水果（草莓、奇异果、水蜜桃）、芒果、番茄、椰子、哈密瓜。

【第三步】蔬菜类

等确认宝宝对水果不过敏后，你可以再选一样蔬菜，多数妈妈会选红萝卜，将红萝卜泥、米泥、水果泥混合后给宝宝吃。

以下是容易引起过敏的蔬菜，建议晚一点或宝宝1岁后再尝试：玉米、竹笋、茄子、洋葱、蒜头、芋头、香菇。

【第四步】蛋白质

蛋白质分植物性蛋白质和动物性蛋白质，优先选择植物性蛋白质。植物性蛋白质存在于豆类、谷类、花生等。豆类含有最丰富的植物性蛋白质，你

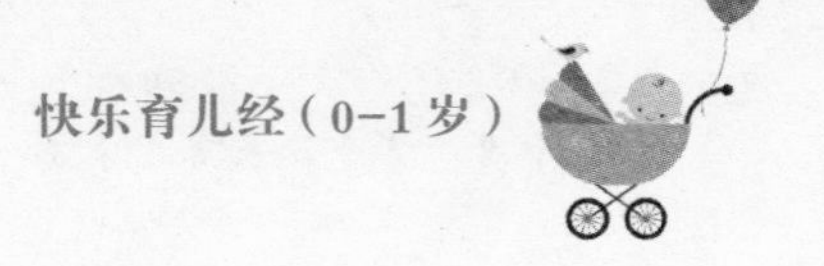

可以选择米豆（黑眼豆）、毛豆、黄豆、红豆、扁豆、豌豆、皇帝豆。多数的妈妈会先从米豆开始，只是米豆吃多了易胀气，且有些宝宝由于米豆有特殊气味难以接受（钧就是），你也可以改用其他豆类。

当宝宝开始尝试蛋白质时，一餐中的食物泥可同时加米泥、蔬菜泥、水果泥及豆泥（肉泥）。

植物性蛋白质无法完全取代动物性蛋白质，当宝宝满6个月后，就可以开始尝试给宝宝肉类，顺序为鸡肉、猪肉、牛肉。鸡肉油脂含量低，可以先让宝宝的肠胃适应肉类和油脂。在台湾地区猪肉为最主要的肉类来源，而且猪农养殖手法特殊（阉割），猪肉鲜甜且没有腥臭味。此外，政府对猪只管控极为严格（不能私宰，需经过CAS电宰），故吃猪肉很安全，猪肉的脂肪也比鸡肉高，可以满足宝宝需要的大量热量。红肉能给宝宝提供更多铁质，对6个月后的宝宝也极为重要。

胀气、腹泻怎么办

有些宝宝在开始尝试副食品时，吃完后过一阵子会哭闹不休、无法顺利小睡，建议从食物开始检查，像豆类、地瓜、芋头、玉米、瓜类、高丽菜、洋葱等都是易胀气食物。拿掉或减少易胀气的食材物，并且多帮宝宝按摩肚子有助于舒缓胀气。

有些宝宝吃副食品后会一天拉好多次便（5~7次），拉到肛门都红红的，这说明宝宝吃到了利便或过敏的食物，像南瓜、香蕉，通常肠胃不好的小孩就拉便次数较多，或是食材太过复杂宝宝肠胃无法承受时也会导致过敏或拉肚子，这时应放弃该副食品，并以清淡饮食为主（米泥、白粥）。

吃副食品要注意的事

当你信心满满地要喂宝宝副食品时，要有心理准备，宝宝可能会不吃，嘴巴张开让泥流出来。请别气馁，要持之以恒，宝宝慢慢就会接受，并越吃越多，以下是你应该要注意的事：

1）一开始以5分钟为限。

2）刚开始吃很少时，可以在宝宝喝完奶1个小时后，让他先试吃几口，如果失去耐心就立刻收起来。

3）用软汤匙喂食。

4）不要挑宝宝最饿的时候喂，宝宝会没有耐心。

5）当每次喂副食品都超过30毫升时，就将副食品移到正餐。可以选择先喂奶再给副食品，或是先给副食品再喂奶。如果你是亲喂母乳的妈妈，建议先喂奶再给副食品，如果是瓶喂或配方奶者，建议先给副食品再喂奶。

6）初期副食品加奶的喂食时间不要超过1小时，等吃得习惯时，副食品喂食不要超过半小时，加上奶也不要超过1小时。

7）初期一天一次，慢慢随着宝宝的接受度或月龄增加改为一天两次、一天三次，你可以选在第二、三、四餐或第一、二、四餐喂，后者为佳。

为什么第一、二、四餐较佳？随着宝宝成长，随着副食品的量增加，慢慢延长餐与餐的距离，慢慢延后第二餐的时间，最后就会变成一天三餐。以钧为例：

钧6个月时，第一餐与第二餐间隔4.5小时，第二餐与第三餐间隔4小时，

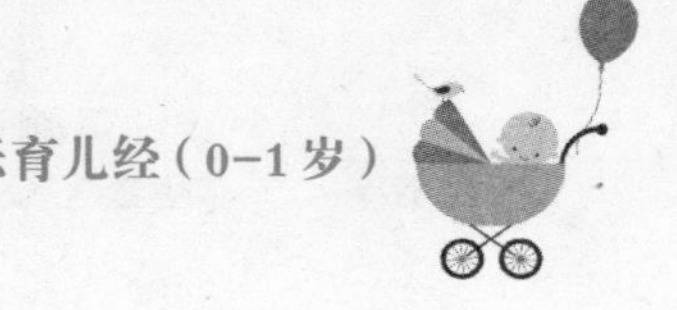

第三餐不喂饱只喝一点点奶，第三餐与第四餐间隔 2.5 小时。

10:00	起床第一餐	副食品＋奶
12:30~13:30	小睡	
14:30	第二餐	副食品＋奶
16:00~18:00	小睡	
18:30	第三餐	奶（不喂饱）
（不睡或打瞌睡）		
21:00	第四餐	副食品＋奶
22:00	上床睡觉	

钧7个月时，第一餐与第二餐的间距为5小时，第二餐与第三餐距离为5.5小时。

10:00	起床第一餐	副食品＋奶
12:30~13:30	小睡	
15:00	第二餐	副食品＋奶
16:00~18:00	小睡	
20:30	第三餐	副食品＋奶
22:00	上床睡觉	

钧妈碎碎念

如何判断食物过敏？

过敏会全身起红疹（不止一个部位），多数孩子会伴随腹泻，如果发现过敏，请立即停止喂该副食品，先暂停 1 个月后再尝试，如果连续 3 次（3 个月）都过敏，则建议避免进食该项食物。湿疹和异位性皮肤炎很像，但异位性皮肤炎通常是对称的，比方说两边手肘、两边膝盖。

食物泥的制作方法

一、单一冰砖法

将食材分别煮熟后，再用调理机加水打成泥，每样分装在一个分装盒里，在喂副食品前1小时再挑选几样冰砖倒入碗中，放入电锅加热。

此方法好处是宝宝可以每餐都吃到不同口味的食物，缺点是量少时还好处理，量大时打泥会打得很累、很耗时。

二、大锅混煮法

将所有食材、米、汤全部放入同一个锅里，放进电锅蒸熟，再加水一起打成泥。

此方法好处是节省很多时间，量大时，一两个小时就打完泥，坏处是每餐的口味都一样，没办法更换。我的习惯是一次做 3~7 天的份，钧刚好习惯每餐口味都相同，少数喜欢餐餐不同口味的宝宝可多做几种不同的综合泥。

钧妈碎碎念

到底该选先泥后奶（先喂食物泥再喂奶）还是先奶后泥（先喂奶再喂食物泥）？

先奶后泥适用于喂母乳的宝宝，先喂奶能确保母乳喝得更久，故先奶后泥的宝宝所吃的食物泥要更注意泥的营养是否足够；先泥后奶适用于配方奶的宝宝，而先泥后奶的孩子胃口也会比较大，因为泥会吃得更多。

先奶后泥的孩子在日后常会遇到一个窘境，约 6~7 个月时，多数孩子会开始厌食，常一口气把奶喝饱，副食品吃很少，然而奶好消化易饿，热量也比副食品低，渐渐作息会开始不稳、小睡提早醒、早上也提早起床，先泥后奶（以泥为主、奶喝少）的孩子这状况则不常见。

三、各项食材分别蒸熟打泥，再按比例装盒冷冻

有些妈妈想更仔细地计算孩子吃了多少的蛋白质、蔬菜、淀粉、水果，分别将此 4 类食材蒸熟后，分开打泥，再按分类按比例装盒冷冻，一餐一盒，这种方式能确认孩子每餐都吃一样比例的蛋白质、蔬菜、淀粉、水果。

10 个关于副食品的常见问题

一、老人家都说要两小时喂奶、两小时喂粥（泥），不然会把胃撑坏，是真的吗?

固体食物与流质食物（奶）消化的速度不同，两个小时喂奶、两个小时喂副食品会造成宝宝一整天都不觉得饿，且胃一整天都得不到休息。想让宝

宝慢慢增加食欲、减少厌食（奶），最好的方法就是餐与餐之间有一定的间距，让宝宝吃完一餐后能完全消化，在接近下一餐时会感觉饿，不要过度频繁饮食。就像我常跟新手妈妈说的："唯有曾感觉过饥饿，才能了解吃饱的美好。"

二、什么是五倍粥、十倍粥？

指的是米和水的比例，用电锅煮粥，1（米）: 5（水）煮出来就是五倍粥，1（米）: 10（水）煮出来就是十倍粥。

三、食物泥好像馊水？

食物泥是由多种食材蒸熟后用调理机打成，能让宝宝充分摄取各类营养素，好消化，刚学习吞咽的宝宝比较容易接受，也能减轻宝宝肠胃的负担，好吸收，通常吃食物泥的宝宝胃口会比较大。

四、我很害怕小孩作息不稳定，可是他就是吃不多。

很多妈妈都会陷入一种食量的迷思，觉得宝宝吃越多越好。多数妈妈问我的第一个问题是："我的宝宝吃这个量不会太少吗？"

每个宝宝的体质都不同，有些吸收力很好，吃很少一样可以维持稳定的作息和体重，有些宝宝吸收力较差，吃多也不会胖，有些宝宝则食量非常大。

该怎么判断宝宝吃得够不够呢？每餐喂到宝宝不吃即可，不需要强迫宝宝全部吃完碗中的食物。

五、本来是先喂奶再给食物泥，现在要改成先给食物泥再喂奶，可是宝宝不接受怎么办？

多数的宝宝会喜欢妈妈一开始给他养成的习惯，假设你一开始都是先喂

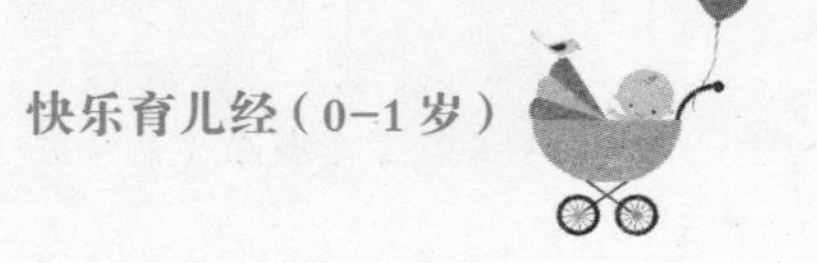

奶再给副食品，等月龄较大，你希望宝宝能吃更多副食品，准备先吃副食品再喂奶，宝宝多数会排斥。

改善方法：第一，将奶和食物泥交叉喂，先让宝宝喝一点奶再开始吃副食品。第二，暂时将餐与餐的距离缩短，让宝宝在不是很饿的情况下可以有耐心先吃副食品，等习惯后再将时间延长。

六、宝宝吃完副食品就不喝奶，或喝完奶就不吃副食品，怎么办?

宝宝刚接触副食品时，有可能因为遇上厌奶期而吃完副食品就不再喝奶，或是习惯一口气喝饱奶就不再吃副食品。如果宝宝是因为喝饱奶不吃副食品，请你先喂副食品，15~30分钟后再喝奶，一餐要在一小时内结束或是减少奶量、增加副食品的量。

如果是厌食期，建议不要硬逼着宝宝喝奶，或是等宝宝睡着后再偷偷喂奶，月龄达3~4个月就能开始喂副食品。

七、副食品和奶的比例该怎么调整?

参考公式：假设奶量是330毫升，每30毫升的泥等于60毫升的奶，假设该餐全部喂泥不喂奶，表示可以喂165毫升的副食品。此公式仅作参考，因为宝宝的食量变化很大，比方说厌奶时会一口奶都不喝，泥若不顺口、太浓、太稀，或者宝宝长牙、生病等，都会导致食量减少，成长冲刺期食量会突飞猛进，所以妈妈只要把握一个原则即可：喂到宝宝不愿意再吃就停止。

八、小孩只吃3~4餐，会不会太少？

不会，孩子会随着自己的需求越吃越多，有固定饥饿循环的孩子反而吃得很好，妈妈也会随着宝宝的食量将饮食间距拉长，确保宝宝的胃能够好好消化食物。

一般食物在胃中完全消化平均需要3~6小时（不同的食物时间也不同），对于频繁喂食的宝宝（两小时吃一次副食品，两小时喝一次奶）等于胃在不停地消化食物，给胃造成很大的负担，加上奶和副食品所需的消化时间不同，在副食品尚未完全消化时，宝宝没有胃口再喝奶，喝奶两小时后又没有胃口再吃副食品，在恶性循环下胃口自然就会变小且感觉不到饥饿。

九、不小心把食物泥打太稀怎么办？

如果不小心加太多水食物泥变得很稀，可以再加入白饭一起打成泥。

使用容易出水的食材（番茄、高丽菜、叶菜类等），做的量又比较多时，刚打好会觉得浓稠度刚刚好，但是分装冷冻之后再加热，就会变得很稀（水从泥中分离出来）。你可以加入米麦精调浓，或是先放冷藏退冰，泥和水会分离，把多余的水挤出来。

十、食物泥太黏怎么办？

白米的量太多时，泥很容易变得黏稠，多数的宝宝不喜欢黏稠的泥（不好吞咽），建议减少白米的量，或是改用胚芽米、糙米。

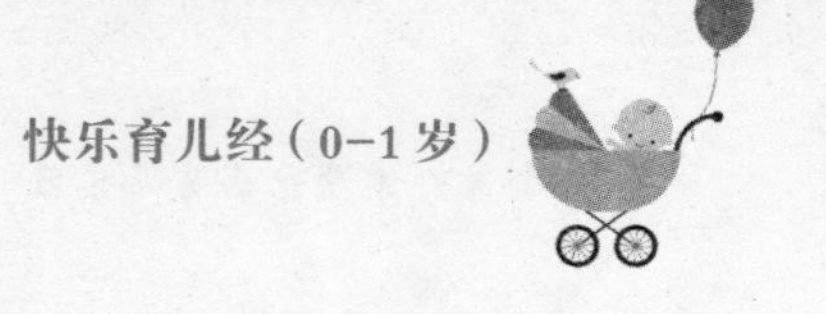

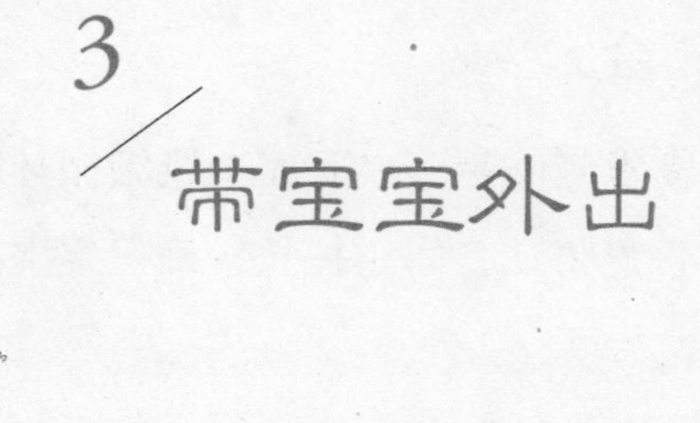

3 带宝宝外出

很多妈妈会抱怨规律作息根本无法带小孩长时间外出，或是外出时宝宝根本无法睡觉（认床），只能天天待在家。

宝宝越小，出门就越痛苦，出门大包小包的。记得我在钧 12 个月时，只为了听一场演讲，推着婴儿车，车上放满食物、尿布、衣服，手上再拎着一个费雪餐椅，回到家时，全身骨头都快散掉。

建议 6 个月前出门时间不要过久（例如：出门吃个饭），6 个月到 1 岁间当天来回，1 岁至 1 岁半再出远门，1 岁半后的宝宝不再认床，带出门过夜就会很轻松。试想，6 个月前的宝宝认床，要怎么带出门呢？

外出时的吃

一、国内旅行

平时将食物泥分装冷冻，用一般微波器具盛装（例如：乐扣盒），出门时使用保冰袋或车用小冰箱携带出门，假设你在台湾地区旅游，可以跟超市借微波炉。

如果是长途旅行，只用保冰袋带中午那餐，将其他餐的冷冻食物泥寄到下榻的旅馆，或直接用车用小冰箱载到目的地，再请旅馆餐厅帮你加热。

从冰箱拿出分装好的冷冻食物后，如放在室温下解冻超过五六小时可能已经不卫生，不可再食用。细菌在常温下会恢复活跃，建议出门不要带温热的食物或放到中午后，以免食物腐败。

记得随身携带用分装罐分装的米粉、米麦精类，万一所携带的食物泥宝宝不吃，还有其他可以应急。

钧妈碎碎念

你是否有这样的经验：用电锅蒸好一碗粥后直接用电锅保温到晚上，结果整碗粥就臭了？这是因为你将食物摆在温暖的环境中，叶菜类（例如：高丽菜）、肉类、瓜果类（例如：丝瓜）都是很容易腐烂的食物。

二、国外旅行

假如你计划国外旅行，可以准备食物泥冰砖，用保丽龙加保冷剂装起来托运，另算好需要的餐数用保冷袋带上飞机；再带两个保温水壶，早上可以装新鲜果汁；请饭店帮你把食物泥加热。要注意，国外的超市不一定24小时营业，不是随时都可以借到微波炉。米麦精或米粉也要带着以防万一。

假如你的宝宝够大可以跟你一起吃餐桌上的食物，也尽可能带他平时吃的食物出国，不是每个国家的饮用水和食物都适合宝宝。日本比较例外，因为很多副食品调理包、罐头，还有粉状用水泡开的食物泥都是来自日本，这些产品在台湾地区都买得到，记得出国前要先给宝宝吃吃看，观察宝宝的接受度。

也可以选择带宝宝食用的调理包或罐头出国，记得出国前一定要先让宝宝吃吃看，确认宝宝能接受调理包或罐头的口味。

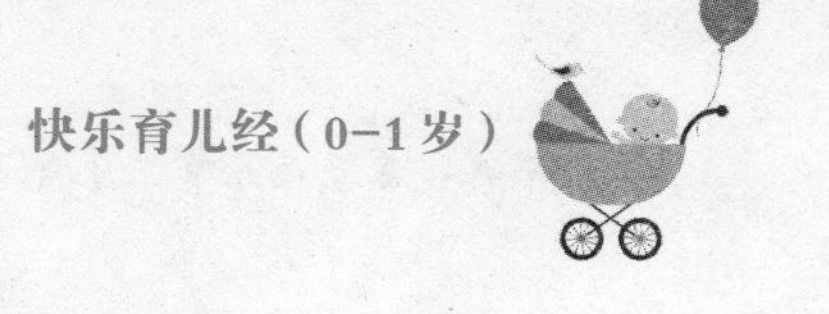

钧妈碎碎念

为什么自己制作的食物常温下连一天都不到就腐烂，而调理包（常温/冷冻）或罐头却能存放这么久？

这是因为调理包或罐头制作的过程中，经过真空、灭菌处理，包装内并无可让食物腐败的细菌。当然，食品保存封装是很复杂的技术，但请不用担心，可以安心地给宝宝食用。

外出时的作息

如果是短途，你可以在宝宝第一段小睡结束后出门，第二段小睡则让孩子在回来的途中睡在车上的安全座椅上；也可以在第一段小睡开始时让宝宝睡在车上，回来途中让宝宝在车上睡第二段小睡。

外出就是要好好玩，不需要太在意作息，何况有些时候你也无法选在宝宝清醒时出门（例如：打预防针）。

钧妈碎碎念

有了孩子，你也会希望宝宝能有健康的身体，晚上稳稳地睡，1岁前如需要出门，尽可能在孩子晚上睡觉时间到前赶回家、洗澡、睡觉。

尤其是6个月前的宝宝对环境的接受度较低，假如带出门很多天，有可能回到家后开始乱闹乱哭（太疲倦、刺激过大），导致作息大乱。等孩子长大后，这状况就会改善，钧1岁半后我们就常带他到外面过夜、旅行。现在你觉得他睡得多、认环境、认床让你失去自由，以后你就会恨不得他多睡一点、安静一点（长大后睡眠减少且很爱说话）。

外出时的睡

短途出门，你可以抱着或用亲密背巾背着让他睡，会翻身后你可以让他在婴儿推车或安全座椅上睡。

需要在外面过夜怎么办？

【方法一】出门时带宝宝平时睡觉用的物品，晚上保持一样的睡前仪式。

例如：宝宝第一次住院时（4个月），将医院的床布置得跟家里一样，不过1岁时住院需要先哄，想睡时再将他放在床上，妈妈身体轻靠在宝宝身上安抚他入睡。

【方法二】出门前一个礼拜先让宝宝习惯小睡时睡在游戏床上，然后晚上也渐渐习惯在游戏床上睡，这样出门时带着游戏床就好。

例如：第一次带宝宝出远门玩的前一个礼拜，在宝宝婴儿床的旁边放一个游戏床，小睡时间到就将宝宝放入游戏床，让宝宝玩累了再睡，过几天后就让宝宝晚上也睡在游戏床上，等出门时就直接带游戏床出门，晚上让宝宝在游戏床中睡，上面盖一个大浴巾。

【方法三】通常有些饭店附有婴儿床，记得洽询饭店，把饭店婴儿床布置得跟家里一样。

【方法四】让宝宝睡在自己旁边，用棉被围起来，宝宝累了就会睡。

【方法五】哄睡。

一岁半前，出门玩就是为了尽兴，就算哄睡也没关系，宝宝即使不小心养成哄睡习惯，回家再重新引导自行入睡即可。况且宝宝第一次出门的那个晚上一定会不好入眠，他会因为不习惯陌生的环境而惊恐不安。然而，宝宝若常跟父母一起出门，就会渐渐适应，慢慢习惯在外面跟爸妈一起睡。

外出时该怎么坐车

记得一定要让孩子坐安全座椅，6个月以下可以使用卧式的，6个月后可

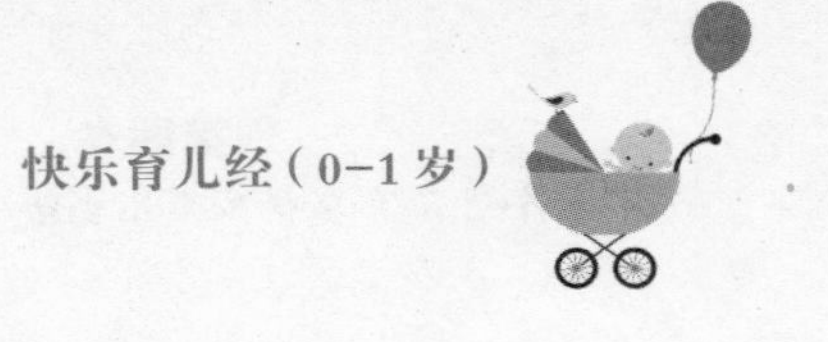

以用朝前式的座椅。

可以在车内放宝宝喜欢的音乐、书籍、玩具等，吸引他的注意力，让他有耐心坐完整个车程。

千万不要因为宝宝哭闹就抱，社会上常见的儿童意外车祸，多数是因为家长抱着小孩所致。假设汽车是在车速40公里时发生冲撞，20斤的宝宝能承受600斤的撞击力（惯性作用导致）。

钧妈碎碎念

一开始钧很讨厌坐安全座椅，心情好时可以坐几十分钟，心情不好时整路都在哭，钧爸每次都受不了而要我抱他，我会苦口婆心地告诉先生："交通突发意外很多，我们又只有一个孩子，宁可让他哭也不能发生意外。"

坚持一段时间后，慢慢钧就不再哭了。等钧较大后，我常告诉他的话就是："上车要系安全带，爸爸妈妈也系！这样爸爸煞车时，你才不会飞到前面撞到玻璃。"

两个带宝宝出门的问题

一、如果小孩趴睡才睡得着，出门该怎么办？

这只是过渡阶段，当他还不习惯在手推车或外面睡时，妈妈可以用亲密背巾背着或抱着让宝宝睡，等到宝宝翻身自如时，就会慢慢习惯在手推车上仰着睡或在安全座椅上睡。

二、宝宝刚刚在车上已经睡过，回到家小睡时间还没结束怎么办？

没关系，假如回到家放上床，他还愿意睡就继续让他睡，如果不愿意，就陪他玩，晚上早点上床睡觉再补回来就好。

钧妈碎碎念

习惯的养成很重要，比方说孩子习惯不靠母亲奶睡或摇哄累了就会睡。对孩子而言，自行入睡是他的习惯，反而不习惯被哄睡，也许外出会因为没有在习惯的床上睡而哭闹。有些妈妈会抱怨：外出没办法靠哄或奶嘴真的很麻烦，但随着宝宝长大，会发现很早习惯自行入睡的孩子，睡眠质量会很高，也因为会翻身，外出反而怎么睡都可以，累了靠在椅子上就睡着了。月龄小的时候外出偶尔哄睡，并不会养成习惯，故外出偶尔哄睡是可以的。

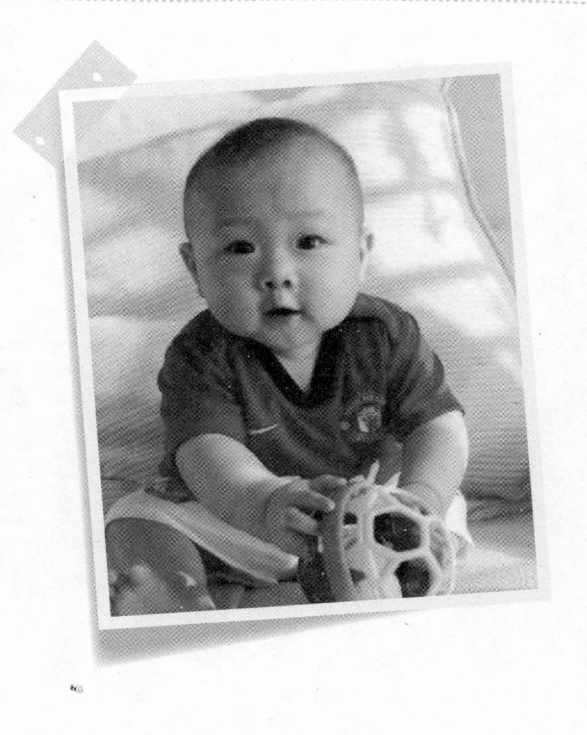

第五章

6~9 个月：教养从现在开始

1 6~9 个月的作息调整

6 个月开始，照顾宝宝会更得心应手，宝宝白天醒的时间也开始变多，教养、手语、餐桌礼仪等，都能在清醒时间开始教给孩子，为他建立起好的家庭生活习惯。

这时作息上从黄昏到晚上是需要清醒的，这样才能晚上上床后快速睡着，你可以在这段时间安排宝宝洗澡、玩耍、吃晚餐，爸爸多数也会在这段时间在家，也可以请他帮忙照顾小孩。

有规律作息的孩子，睡眠时间减少的速度会比没有规律作息的宝宝来得慢，没有规律作息往往还不到 5 个月就只剩下两段小睡。

本阶段调整重点

一、睡眠总数

6 个月后的宝宝每日睡眠时数平均约 15 小时左右。

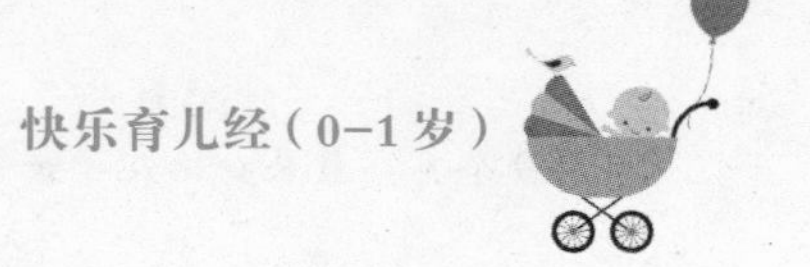

	6个月	7~9个月
第一段小睡	1.5~2小时	1.5或2小时
第二段小睡	1.5~2小时	2或1.5小时
第三段小睡	0-30分钟	0分钟
夜晚长睡眠	12小时	12小时
平均睡眠时间	15~16小时	15~16小时

	6个月	7~9个月
第一段小睡	2小时	2小时
第二段小睡	2小时	2小时
第三段小睡	30-60分钟	0分钟
夜晚长睡眠	10~11小时	10~11小时
平均睡眠时间	15~16小时	14~16小时

上表是时数的总计，实际安排可以先观察宝宝，再详细规划。

二、优先删减第三段小睡时间

6~7 个月间，逐步删减第三段小睡时间，宝宝开始一定会不习惯，不停地想睡，假如开始想睡，要转移他的注意力，不小心睡着的话，让他睡 10~30 分钟左右就要叫醒他，慢慢他就会习惯在这段时间保持清醒。

三、作息的安排

6~9 个月时，睡眠总数会越来越接近 15 小时（视个体差异而定）。

⊙安排作息的诀窍是先固定晚上上床的时间，在睡前让宝宝清醒 3~4 小时（最后一段小睡不能睡），接着往下排作息。

⊙白天起床到下一次小睡间隔 2~2.5 小时。

⊙整天作息改成“饮食—清醒—睡觉—清醒”的循环（不再是“饮食—清醒—睡觉”）。

⊙假设晚上长睡眠为 12 小时，白天总睡眠数为 3~4 小时；晚上长睡眠睡 10~11 小时，白天睡眠总数为 4~5 小时。

7:00	起床
（间隔2~2.5小时）	
第一段小睡	
（间隔2~2.5小时）	
第二段小睡	
（间隔3~4小时保持清醒）	
19:00	上床睡觉

四、循序渐进改变作息

删减第三段小睡后，第三段就不再需要睡觉，白天只有两次小睡。宝宝在没有第三段小睡的情形下，什么时候再开始调整或删减白天小睡时间？

⊙上床睡觉时都要滚很久才睡着。

⊙早上提前起床、第一段小睡睡过时间、第二段小睡提前起床。

⊙第一段小睡提前起床、第二段小睡睡过时间、晚上上床滚很久才能入睡。

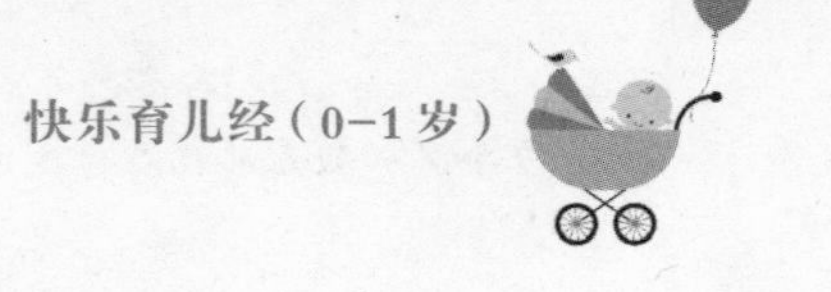

以上情形都是孩子在提醒妈妈：白天的睡眠时间可以再减少一些。接着孩子会继续减少睡眠时数（接近2岁时，一天睡眠时数会接近12小时），到那时候，白天只需要睡一段小睡。你可以开始思考1岁3个月后，妈妈该安排宝宝在白天的哪个时段睡。依据以下说明观察宝宝所呈现的睡眠习惯，作为后续规划、调整作息的依据：

⊙宝宝第一段睡眠都睡得很稳：7~9个月时，确认宝宝在第一段小睡都睡得很稳时，开始删减第二段小睡，每天删减一些，最后调整成：

晚上睡12小时，早上睡2小时，下午睡1.5小时。

晚上睡10~11小时，早上和下午各2小时。

1岁3个月后，你就能让宝宝午觉睡2小时或早上连睡3小时。

⊙宝宝第二段睡眠都很稳：你可以在7~9个月时，确认宝宝在第二段小睡都睡得很稳时，开始删减第一段小睡，每天删减一点，最后调整成：

晚上睡12小时，早上睡1.5小时，下午睡2小时。

晚上睡10~11小时，早上和下午各2小时。

1岁3个月后，你能让宝宝下午睡或删减第一段小睡，只睡第二段。

五、何时可以再删去1餐（变成一日三餐）？

从睡过夜到延长睡眠后，一天只剩下4餐，宝宝的食量会逐月慢慢增加，副食品越吃越多，奶逐渐越喝越少，在1岁后将副食转成主食，并在1岁后跟家人一起吃三餐。而宝宝在6~9个月时，发出什么信息表示他可以改成一日三餐呢？

1. 上一餐可以整碗吃完，下一餐却吃不下副食品

宝宝食量变大，需要更长的时间消化胃中的食物，必须延长两餐的距离才能让宝宝下一餐有食欲吃饭。

2. 小睡混乱

在睡眠上，早上起床越来越早，而且有时第一段小睡提前起床，有时是第二段小睡提前起床，有时候又是所有小睡都提前起床，这与作息无关，表示餐与餐的距离太近，宝宝肚子不饿，吃下去的量太少，需延长餐与餐的距离，或是饮食过于偏重喝奶，副食品吃太少，容易饥饿，需要调整两者比重才能改善。

为了让宝宝慢慢增加食量，你可以从两餐间隔 4.5 小时开始延长餐与餐的距离，慢慢延长到一天剩下三餐。有些妈妈是直接从 4 小时延长为 5~6 小时，我则是慢慢延长，当宝宝一天只剩下三餐时，餐与餐的最佳间隔为5.5小时。

该如何延长呢？原本宝宝是 4 小时一餐，一天共四餐，首先将第一餐和第二餐间距延长为 4.5 小时（三餐 + 一点心），等宝宝习惯后再延长为 5~6 小时一餐，一天共三餐。举例：

⊙原本为 4 小时一餐，共 4 餐。

7:00	第一餐
（间隔4小时）	
11:00	第二餐

（间隔4小时）	
15:00	第三餐
（间隔4小时）	
19:00	第四餐

⊙首先将第一餐和第二餐的间距延长为4.5小时一餐，共三餐＋一点心。

7:00	第一餐
（间隔4.5小时）	
11:30	第二餐
（间隔4小时）	
15:30	点心
（间隔2.5小时）	
18:00	第三餐

⊙最后再一次延长为5~6小时一餐，共三餐（最佳每餐间隔为5.5小时）。

7:00	第一餐
（间隔5.5小时）	
12:30	第二餐
（间隔5.5小时）	
18:00	第三餐

六、改三餐的合适月龄

每个宝宝改三餐的月龄都不一样，没有所谓合适的月龄，有些四五个月已经三餐，有些宝宝直到快 1 岁都还没有改三餐，要按照妈妈观察宝宝表现出来的状况和时机改三餐，但是可以大致归纳出：

⊙食量大的宝宝可以较晚改三餐：因为食量大，热量摄取足，妈妈并不需要急着改三餐，除非出现上一餐吃很好，下一餐吃不下的情形。

⊙食量小的宝宝需要较早改三餐：因为食量少，热量摄取少，建议用慢慢拉长餐与餐距离的方式，让孩子慢慢多吃一点。

钧妈碎碎念

不管宝宝是否已经出现可以改三餐的信息，多数的妈妈基于害怕宝宝会变瘦、饿到，会避免替宝宝改成三餐，但是你越不改三餐，往往宝宝作息会越来越乱，食量忽大忽小，这并非明智之举。

七、宝宝吃好睡好的作息诀窍

有妈妈问，在调整作息上，除了注意白天小睡时数、每段小睡的间距、餐与餐的间隔，还需要注意什么呢？最后还需要注意小睡和饮食之间的间距。

以下是小睡和饮食间距的注意要点：

⊙早餐需要吃副食品，吃少一点也没关系：多数的妈妈不习惯比宝宝早起，起床后快速泡（热）完奶给宝宝喝就当成一餐。然而，奶对于月

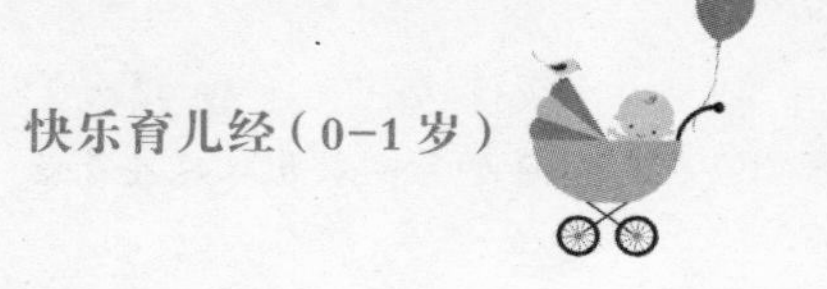

龄较大的宝宝就像在喝饮料一样，很快就饿，建议妈妈宝宝早餐不管吃多或吃少，还是要给宝宝吃副食品。

⊙中餐离第二段小睡最佳间距为吃完后 1 小时上床睡觉：宝宝吃完，休息一下，这时胃开始消化淀粉，血糖上升，可以帮助宝宝更快入睡，且小睡睡得更安稳。

⊙晚餐跟大人错开时间吃，宝宝的晚餐跟睡前间距为一两个小时：晚餐确实需要吃饱，才能稳稳地睡到隔天早上，假设晚餐距离睡前超过 3 小时，宝宝需要超过 14~15 小时不进食，对于宝宝而言确实很勉强，必定会提早起床并感到饥饿。另外，晚餐距离睡前较近也可以顺利地删减喝睡前奶，让他休息、刷牙后才睡觉，等肠胃稍微消化食物而非肚子装满奶睡觉。

钧妈碎碎念

建议 1 岁前让宝宝吃饭的时间和大人错开，这样做除了能让孩子专心吃饭，孩子也不会跟大人要餐桌上的重咸食物吃。洗完澡、吃饱饭休息后上床睡觉，通常能让睡眠更安稳。

由于我家是大家庭，我选择在房间安静地喂钧吃饭，也不会受到长辈的干预。

【个案分析 1：宝宝第二段小睡一直睡不稳，怎么办？】

小培在 5 个月作息时，往往第二段小睡都睡不沉也睡不到时间，原因是一天四餐的食量较小，第二餐到 14:00 已经接近肚子饿。6 个月时，妈妈决定改三餐后，吃饭距离延长，食量会慢慢增大，且吃完后 1 小时睡觉，借助血液流向消化器官、血糖上升的力量，让小睡更稳。

6:00	第一餐
7:30~10:00	小睡
10:00	第二餐
12:00~14:00	小睡
14:00	第三餐
16:00~17:00	小睡
18:00	第四餐
19:00	上床睡觉

后来改成以下作息而获得改善：

6:00	第一餐
8:00~10:00	小睡
11:30	第二餐
12:30~14:30	小睡
17:00	第三餐
18:00~19:00	上床睡觉

【个案分析 2：跟大人一起吃晚餐】

小又 6 个月开始跟大人在同一时间吃晚饭，妈妈却把宝宝作息订得很晚，如果勉强跟大人一起吃晚餐，吃完晚餐到隔天就需要间隔 15 小时才能吃到早餐，食量小的宝宝体力撑不了那么久，就容易每天起床越来越早，建议 1 岁前晚餐离睡前不要超过 2 小时。

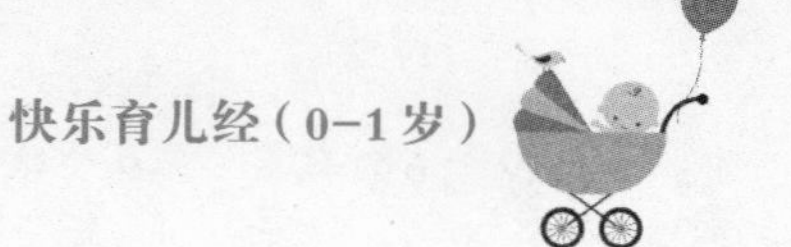

10:00	第一餐
12:00~14:00	小睡
14:30	第二餐
17:00~19:00	小睡
19:00	第三餐（晚餐）
23:00	上床睡觉

后来更改为以下作息才改善：

10:00	第一餐
12:00~14:00	小睡
15:30	第二餐
17:00~19:00	小睡
21:00	第三餐（晚餐）
23:00	上床睡觉

本阶段需要注意的教养问题

一、行为发展的问题

1. 喝水呛到

很多习惯喝配方奶的宝宝喝白开水容易呛到，因为宝宝习惯吞咽较浓稠的液体，这很正常，只要在白开水中加点果汁、豆浆，让液体变浓稠就能解决。

2. 站起来蹲不下去

宝宝能坐起来后，接着就会扶着婴儿床站起来，却发现自己坐不下去而哇哇大哭，你帮他坐下去后，他又锲而不舍试到疲惫为止，妈妈也会为了帮他坐下而疲惫不已。建议你放手不理他，让他自己想办法，让他自己练习才能更快学会站起来再蹲下去的动作。

二、从小习惯规律作息却突然不愿意入睡或半夜起来哭

宝宝不是机器人，在日常生活中总有许多意外发生，3~4天后就形成新的习惯，而往往这种习惯并不是好的，也就是意外教养。该如何帮宝宝改回原来的习惯呢？

举例：长辈到家里，哄睡小孩几天后又离开，习惯哄睡的孩子不愿意再自己睡觉。遇到这种情形时，多数人会告诉你：再让他哭一哭入睡，再训练一次就好。

1. 当孩子不再愿意自己睡时，母亲首先要排除以下问题

⊙作息是否已经做过调整？不要要求孩子有过多的睡眠时间，常见的例子就是孩子应该要删掉一段小睡，延后或缩短小睡，但是母亲舍不得自己的休息时间缩短，一直迟迟不更改作息，结果小孩一直都在床上睡不着。

钧妈碎碎念

Zoe7个多月以前每晚上床后都能快速睡着，有一天却突然改变，要在床上玩1个小时才愿意入睡，Zoe妈妈打电话跟我求救，分析作息后才发现，当时Zoe妈妈肚子里怀了二宝，常常想睡觉，当Zoe小睡时，她也会陪着一起睡，如果Zoe没有睡第三段小睡，妈妈也没办法小眯一下。在妈妈不愿意删掉第三段小睡的情形下，Zoe自然不够累，晚上也无法快速入睡。

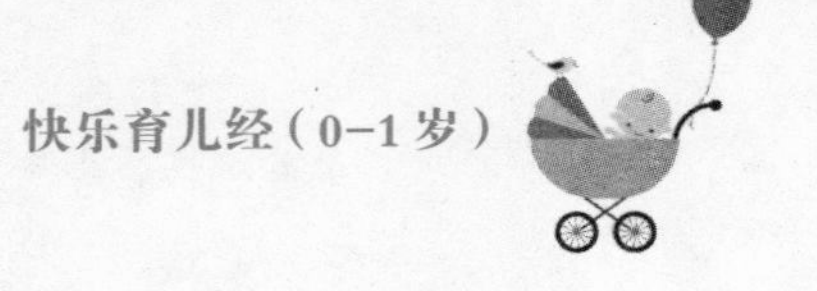

⊙硬要咀嚼能力尚未成熟的宝宝吃粥或饭，宝宝反而吃不多，吃不饱又提前饿，自然小睡必定会因为肚子饿提前起床哭泣。

⊙食物热量不足，缺少淀粉或蛋白质，消化快而提前饿。

⊙晚餐太早吃，距离睡前超过两小时，无法睡到隔天早上就肚子饿。

⊙太冷太热，睡得很不舒服。

⊙长牙、生病——月龄小的时候可以介入安抚，6 个月后可以先观察一下再决定要不要安抚。

⊙分离焦虑症（请见下一篇）。

2. 常见的意外教养问题

很多人讥笑让孩子早早学会自行入睡，结果还不是遇到状况又要重新训练，不如一开始就奶睡或哄睡。不是这样！孩子 6 个月后，个性会开始明显呈现出来，每个母亲在孩子 6 个月后，都会遇到生活中的意外状况，孩子的抗拒、挑战、任性等问题。

日常生活中发生问题，孩子大哭大闹时，你有两个选择：第一，让他予取予求，反正他年纪小不懂事；第二，判断这种行为该温和转移注意力或拒绝他任性的要求。

相信多数的母亲都会选择后者，“需索无度的爱不是爱，是溺爱”，孩子需要学习面对生活中的问题（不是任何事物都顺着孩子的心意）、学习情绪控制（不是哭闹就能获得），母亲也需要诚实面对自己的感受。

你要有个观念：孩子已经“懂得自行入睡，只是不愿意”，用教养和行动来教导孩子，虽然小孩会哭，但母亲还是要帮助他回到原先的生活习惯。以下是帮助他回到常轨的方法：

⊙半夜定时起床哭的意外教养：就我目前辅导过的案例中以这个居多，好发于会自行入睡的宝宝，在睡后一两个小时发生。可能因为某个意外（被吵醒等）而哭，母亲“立刻”进去安慰或喂奶一次、两次、三次直到孩子习惯“那个时间就起来哭”，或是某个声响都是在宝宝睡觉时的某个时间点固定发出。解决方式有：（1）观察状况，用监视器或偷偷躲起来听孩子哭一哭后再入睡，注意是否有意外发生即可；（2）等十分钟后，站在门外（不进去），用“命令”的口吻说：躺（趴）下、不哭、睡觉，重复到睡着为止，孩子听得懂妈妈说的话后，用这招效果会明显。这只是孩子的生理时钟被意外介入，生理时钟被调整成“那个时间就会醒来哭”且等候母亲进来安慰或喂奶后再行入睡。把它调整回来即可。

⊙早上提前起床哭，睡不到第一餐：宝宝由于脑神经较活跃，半夜爬起来玩很正常，不需理会，让他玩一玩再自己睡去就好。有时候宝宝会太无聊哭起来，妈妈急着想用喂奶制止宝宝的哭声，3~7天后便养成新习惯。帮宝宝调整的方法即不再回应哭声和喂奶，约3~7天会再更改回来。

⊙不想关灯睡：孩子会害怕黑暗，讨厌房门被关起来。可以在房间点一盏小灯，将门开一个缝或打开。白天可以跟孩子解释他害怕的事

钧妈碎碎念

孩子是聪明的，多数的孩子只要看到妈妈在，就会哭得更久更激烈，希望妈妈妥协，反而妈妈一离开，孩子就会乖乖睡觉。

Zoe的妈妈有次打电话问我，为什么孩子晚上睡着后一小时就会起床大哭，我询问Zoe妈妈：你有没有在那个时间点进入房间吵醒小孩？Zoe的妈妈说没有。后来发现，Zoe妈妈习惯在小孩睡着后放音乐，音乐播放后一小时会有高音出现，就吵醒小孩，慢慢变成习惯该时间醒来，后来不再放音乐后，即获得改善。

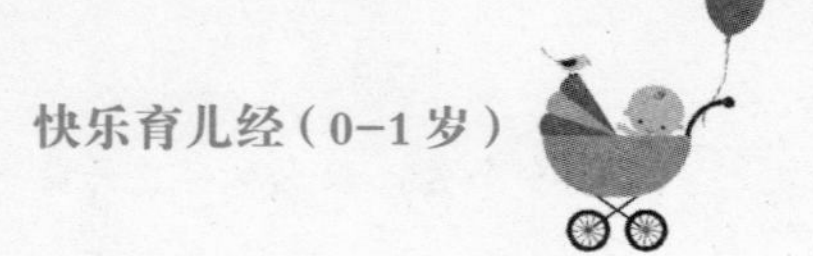

物，使用譬喻的方法：脸被毛巾盖住会暗，可是拿开妈妈就在旁边，黑暗并不可怕；妈妈累也需要睡觉（诚实告诉他妈妈的感受）；会走路后，常常带他从自己的房间走到妈妈的房间，借此告诉他，妈妈并没有离开；有些宝宝床上使用蚊帐也能增加安全感；如果 1 岁后宝宝已经学习看时钟，你可以教他当短针指这里就是要睡觉，指这里就是要起床。

⊙无解的睡眠问题：一是夜惊，好发于 7 岁以下的孩子，会发生在上半夜，尤其是睡后两小时，通常都是闭眼大哭尖叫直到叫醒他为止，或是闭着眼哭一哭后，被大人叫醒继续哭。母亲以为宝宝是定时起来哭并积极介入安抚，导致状况越来越严重。解决方式：不需马上叫醒孩子，如果担心可以站在旁边或用监视器看，孩子会慢慢冷静下来又继续睡，这类状况跟梦游一样，而且只是过渡时期的睡眠障碍，过一段时间自然会停止，不必担心，除非严重才需要看医生。傍晚后不要让孩子玩得太疯，尽量从事静态的活动。二是做噩梦，发生在下半夜，孩子会醒来大哭，母亲必须立即介入安抚，等到白天时多抱抱孩子，陪着他玩，跟孩子一起面对和渡过噩梦。如果不是以上的原因，假设孩子已经很困又闹得不想睡，只想玩，建议还是坚定地走出房门请孩子哭到睡着。

钧妈碎碎念

害怕黑暗多数会发生在 1 岁后，1 岁前发生的概率较低。为了减低宝宝产生不安感的机会，床上放一些他喜欢的玩具、安抚玩偶，也可以放有妈妈味道的小毛巾、衣服等。像钧约六七个月会爬开始，每天自己都会挑喜欢的玩具放入小床陪睡（他会拿喜欢的玩具从栏杆细缝放进去），而钧如果半夜清醒，也会玩玩具玩到睡着。

两个调整作息的常见问题

一、吃饭时间这么接近睡觉时间，不会消化不良吗？

钧吃食物泥和奶的速度非常快，我将吃饭时间安排在睡前1小时，食物泥加上奶只需10~15分钟就吃完，剩下45~50分钟会在餐椅上休息一下、玩一下才睡觉，有充分休息，也利用血糖上升的力量让钧好眠。假如你的宝宝吃饭速度非常慢，可以将吃饭时间再提前30分钟~1小时，离睡觉1.5小时~2小时。

二、为什么宝宝改吃三餐后都没有安排喝睡前奶？

在台湾地区，无论宝宝年纪多大，妈妈都会在睡前给宝宝喝一瓶奶，接着立刻上床睡觉。6个月，多数的宝宝开始长出第一颗牙，喝完奶建议刷牙，将晚餐（副食品和奶）安排在睡前1~2小时，妈妈能好好帮孩子刷牙，而非喝完睡前奶就立刻去睡。妈妈若不帮宝宝刷牙，容易造成龋齿。在我接触过的个案中，常有宝宝喝完配方奶立刻上床睡觉，配方奶不好消化，且喝完立刻上床，睡后1~2小时宝宝会感到肠胃不舒服而醒来哭闹。

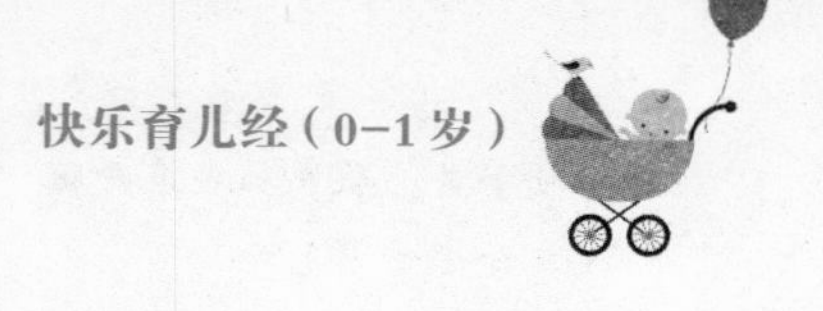

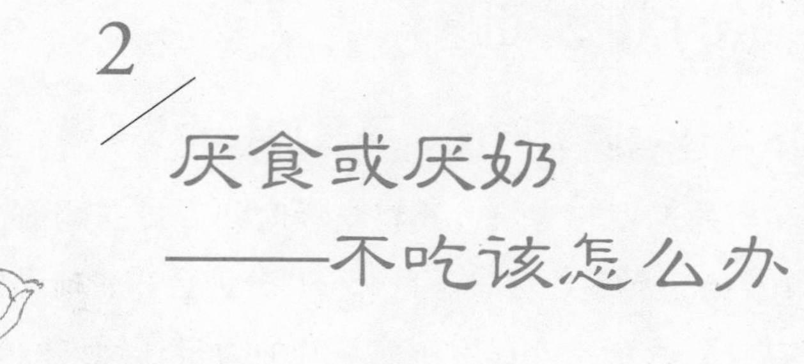

2 厌食或厌奶——不吃该怎么办

6个月是厌奶、厌食的另一个高峰期，本来累积已久的婴儿肥在这个时段消失，让妈妈很是烦恼。你会尝试非常多的方法，甚至骂、打小孩，买市面上各种号称能开胃的健康食品或益生菌，但这都不是解决之道，必须先回过头检查宝宝的食物、身体健康出了哪些问题。

食物泥的问题

一、泥的食材太复杂

可以理解你想给宝宝各式各样的营养，只要宝宝愿意吃，任何食材都愿意买，不管怎么贵都买，每餐制作成本超过上百元的大有人在。不过，请检查一下你是否正在做制造恐怖口味食物的巫婆泥？

例如，有位妈妈的材料如下：鸡肉、蛋黄、米豆、两样绿色蔬菜、南瓜、红萝卜、高丽菜、豌豆、香蕉、糙米。超级丰富！可是问题却很多，食材用太多是一个问题，如同太多颜色调和在一起会变成黑色，太多食物混在一起则不好吃一样。你希望给宝宝的营养越多越好，却往往忽略做出来的食物是否能美味；再者，一般家庭主妇买的菜如果没有一次用完，放着坏掉会感到可惜，所以很多妈妈会习惯将所有材料一口气蒸熟打泥，如上例中很容易放太多南瓜和蔬菜（蔬果体积较大），南瓜利便、纤维质太高，便便次数变多；米豆容易胀气，而做完泥后蔬果分量占的比例很高，每天摄取到的动物性蛋白质和淀粉就会大量减少，宝宝很有可能不爱吃。

解决的方法：越单调越好，平时挑选 4~5 样食材，以上述例子为例，可改成鸡肉、南瓜、白米、黑糖，如果怕宝宝没有摄取各类营养，建议可以多做两种混合泥，每餐替换吃。我的做法是要煮之前，先把生的蔬果肉类称重，米要以白饭的重量计，比例为淀粉四分之二，蛋白质四分之一，蔬菜和水果四分之一，肉类依宝宝的体重计算，每两斤一天所需为 8 克，一天不超过 150 克，避免如上例中光蔬菜就有 6 种之多。

	比例	用的种类	一日最高量
淀粉	2/4	米或搭配淀粉含量高的根茎类	
蛋白质	1/4	1~2种，植物性、动物性蛋白质	肉类最高不能超过150g
蔬菜＋水果	1/4	各1种	

淀粉提供热量，吃进体内能转化为糖类，根据人体需求，约有40%~50% 的热量为淀粉提供。我们还是以米饭为淀粉主要供应来源，故建议淀粉要占一餐中的一半。

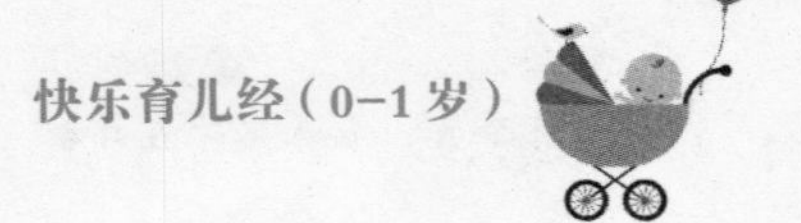

二、泥的浓度

宝宝开始接触泥时建议先较稀，这时候的宝宝还在练习吞咽，较稀的泥可以帮助他更快进入状态。慢慢提高泥的浓度，持续加浓直到他喜欢的那个浓度。太浓会让 1 岁前的孩子难以吞咽进而拒吃，太稀会让妈妈难以喂食。泥比较浓，宝宝吃的量会比较少；泥比较稀，吃的量相对就较多。

钧妈碎碎念

食物泥中的水分有助于排便，有很多妈妈都怕食物泥加太多水会不营养，拼命把泥变浓，造成宝宝不易吞咽。也有妈妈常担心宝宝是不是吃太少，听到谁的小孩吃到 500 毫升或 800 毫升，就觉得自己的小孩吃太少。跟他人比较不是好习惯，每个宝宝会受到泥的浓度或身体状况影响吃多或吃少。要有一个观念：吃得刚好才是健康，并不是吃越多就越好。

三、泥的温度

有的孩子爱吃冷一点的，有的孩子要吃温的，或烫的不吃。你可以在喂孩子之前自己先吃一口，慢慢记录小孩喜欢吃哪种温度的，像钧是个超级猫舌头，稍微温一点就完全不吃。

四、泥的甜度

习惯是后天养成的，很多妈妈一开始就给很甜的食物泥，选很甜的米精或很多香蕉加入食物泥，习惯那种甜度后，就会变成非得每餐都弄得很甜。建议一开始先给原味食物，不要一股脑加很多水果，降低甜度反而可以吃得更多，太甜会腻，腻反而吃不多。

如果你已经餐餐食物泥都很甜（加水果或糖），小孩也非甜不吃，可以试着慢慢减少水果或糖，改用甜度较高的蔬菜（南瓜、地瓜）。

钧妈碎碎念

吃甜或餐餐加很甜的水果是不是很不好？

孩子味蕾完全成熟是在两岁，慢慢长大成人后，最先退化的味觉是“甜”，我们都年纪越大越不爱吃甜。根据科学实验，老人会比年轻时甜味敏感度降低7倍。宝宝喜欢吃甜是自然的，不用太担心，只要注意别吃色素、太甜太咸（会养成重口味且对身体不健康）就好。

五、泥的口感

月龄越小，越要注意泥是不是打得滑顺绵密，宝宝都是吞咽，非常需要这样的滑顺度，用调理机打时要记得延长打泥的时间。约10个月后宝宝会渐渐喜欢有口感的泥（视咀嚼发展程度而定），你可以改回调理棒打泥，让泥不再那么绵密且有细小颗粒。

钧妈碎碎念

泥的绵密度或是粥有没有煮到化开，用眼睛会判断错误，看起来好像有米粒化开，其实没有，建议直接挖一口吞吞看，如果你吞得很顺利，表示小孩也行。

身体的因素

一、长牙或生病

长牙会导致牙龈疼痛无法咀嚼。当孩子不吃时，记得首先扳开他的牙齿查看有没有小白点，生病如果是鼻塞、流鼻水、喉咙痛，不要勉强他，可以将食物泥打得更稀来喝的，或多喝流质液体。如果能保持3~4餐，可以按平日规律饮食，如果真的吃不下，可以等他饿了再喂，不用拘泥餐数、食量，等恢复健康后再调整回来。

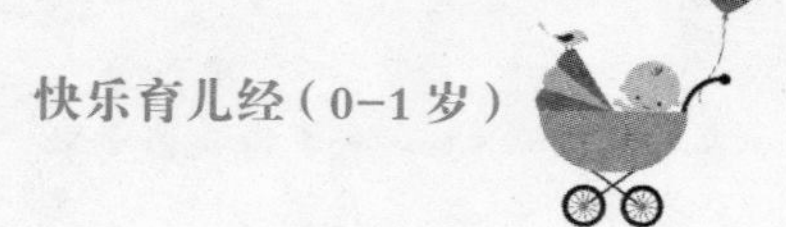

二、喂食间距应该延长

食量会随着月龄越来越大，当你发现这餐喂完、下一餐宝宝完全不饿不想吃时，可从间隔 4.5、5、5.5 小时开始延长，最长的间隔为 6 小时。

三、太饿、太累

太饿，会让宝宝无法接受慢慢一口一口喂，只想快速用喝奶的方式喝饱；太累，会一直想睡觉不想吃东西。如果发生以上状况，请调整饮食或睡眠的间距，让孩子多睡一点。

钧妈碎碎念

过饿的案例：小莉的孩子“小少爷”，出生后食量很大，到了 7 个月时，因为小少爷爱吃不吃，小莉就顺势改成三餐。一开始的确饿到狂吃，但是食量却增加缓慢，且一直是过饿状态，不管妈妈坚持多久，每到吃饭时间就是大哭坚持要先喝奶，妈妈坚持一定要先喂食物泥，两相拉锯后，母子勉强一边喂奶一边吃泥。小莉也试过三餐加一餐点心、让他饿、食物泥打稀、坚持先吃泥等方式，却恶化到 9 个月时，小少爷只要看到碗就大哭，最后求助于我。

我建议小莉改回一天四餐，三餐吃泥，一餐喝奶，虽然吃的食量变小，却有改善，虽看到碗就哭，也能好好吃完一餐。

太累的案例：小如的宝宝直到三个多月都戒不掉第五餐，她听从老人家的建议最后一次小睡不让宝宝睡，导致喝奶时间到，宝宝已经过累到无法喝太多奶，晚上就一定还会起来喝奶。

四、缺乏铁质

喂母乳的妈妈平时要多注意让宝宝摄取铁、钙、维生素 D，否则，6 个月后的宝宝很容易就会缺乏这些营养，宝宝缺乏铁质容易造成不明原因的厌食。身体对一般食物铁质的吸收率仅有 1%~22%，不注意很容易就会摄取铁质不足，建议多食用铁质高的食物，如猪肝、牛肉、蛋黄、菠菜、黑芝麻等。

钧妈碎碎念

质比量更重要。我接触的诸多个案中，妈妈几乎都在追求宝宝吃的量，也不少只为了让宝宝多吃30毫升，就耗了30多分钟，其实食物泥的质比量更重要，尤其是爱喝奶（或先喝奶后吃食物泥）的宝宝们，必须更注重对优质蛋白质、淀粉、铁质、钙等营养素的摄取。

五、大便积在肚子中——便秘

当宝宝肚子积满大便时，自然吃不下太多的食物，或无法从奶转换成副食品。如果妈妈没有注意到食材种类，很容易让宝宝便秘。便秘该怎么办?

请多喝水及黑枣汁，食物泥多加一些水，在食物中添加油及益生菌，多运动促进肠胃蠕动，以及减少纤维质、蛋白质、淀粉其中一种的量。

减少纤维质（蔬菜）的量。你一定很好奇，大家不是说吃纤维质有利于排便吗？吃蔬菜如果没有摄取足够的水分一样会便秘，如果小孩不爱喝水，可以试着增加食物泥中的水分，给孩子喝加果汁的水，或是减少蔬菜纤维质。当宝宝便秘时，优先减少纤维质的量最能见效。

每个宝宝的体质不同，有些宝宝是因为肠胃发展不完全而无法消化蛋白质、淀粉，可以试着减少其中一样来找出便秘的原因。

10个厌食常见问题

一、听说水果对气管不好，所以食物泥是不是不该加水果而加红糖、黑糖?

在中西医中，对水果能不能在感冒或气管不好时吃这个问题并没有定论，但是有痰时建议不要吃甜以避免痰更多。你会反问：可是感冒糖浆都是甜的。医生开药会给感冒糖浆，是因为糖浆是高浓度液体，药品便于在常温

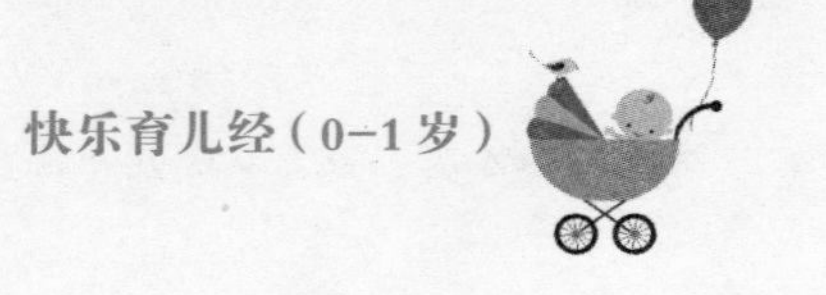

下保存；再者，甜的小朋友才愿意喝。

二、听说发烧不能吃蛋白质，为什么？

同蔬菜、淀粉相比，肉类、鸡蛋等蛋白质在肠胃中需要更久的时间消化，生病时会增加消化系统的负担。

发烧时的小食谱

材料：红（黑）糖、葱白和葱绿、白米、姜。

做法：先将白米前一天洗好，冷冻。

隔天用 500 毫升的水加上半杯米、葱放入电锅，外锅放两杯水。跳起来后焖半小时，拿汤匙搅一搅，如果觉得化得不够再煮一次，要吃时把姜拿起来，葱不需要拿起来，一起切细或打成泥。煮好后，加入少许红（黑）糖，如果宝宝还在吃泥，你可以打成泥。

三、拉肚子时，该怎么让宝宝吃？

禁食一两餐最好。钧拉肚子时，医生曾跟我说：饿几餐不会死。禁食先让胃空下来，煮白粥或加一点点蔬菜，少量多餐。

四、每次吃完食物泥就大便，一天3次，这是正常的吗？

如果都是吃完后没多久大便，是正常的，别太担心，超过 5~7 次，便便呈现水稀则为腹泻。该怎么减少大便次数呢？很简单，减少蔬菜的量，增加淀粉的量，大便次数就会减少。

钧妈碎碎念

我还在带小小钧时，所有吃食物泥的前辈都告诉我一天大便3次很正常，等钧10个月开始改吃粥，一天只大便一两次时，才恍然大悟，这是因为粥的淀粉占一半以上，而食物泥中的蔬菜比例超过一半，会让大便次数增多。

五、小孩是不是不知道饱，每次吃完都看到他肚子变得很大？

一岁前的宝宝的确不懂何谓吃饱，尤其9~10个月是宝宝食量的冲刺期（有规律作息的宝宝会以白天的食量为成长冲刺期的主要来源，不会靠喝夜奶）。

小婴儿肚子吃饱鼓鼓的并不是因为有病或吃太多，而是腹肌发育不完全，腹壁松弛，很容易因肠胃内容物或本体的脂肪导致肚子大。坚持一个原则：“他愿意吃多久就让他吃多少。”这餐不小心吃到吐（表示吃太多），下一餐再把量减少，渐渐你就知道该喂多少。

六、宝宝吃完后把食物全吐了，需要补喂吗？

吃完食物后全吐光的原因包含：生病喉咙有痰、吃太多、喝太多水、挤压到肚子、泥太浓稠或黏稠被噎到。当宝宝把食物全吐光后，先休息，半小时后补一点奶或是下一餐提前喂，不需要再补喂泥。6个月后，睡过夜是一种习惯，不会太被食量影响，钧也曾经多次在7个月时因喉咙有痰把晚餐全吐光，依然每晚都睡过夜。

七、我的宝宝是不是吃太多？

吃刚好最健康，但是不要以大人的眼光来判断孩子是否吃过多，当喂到宝宝不专心时，表示已经六七分饱，再继续喂达到八九分饱就停止喂食。

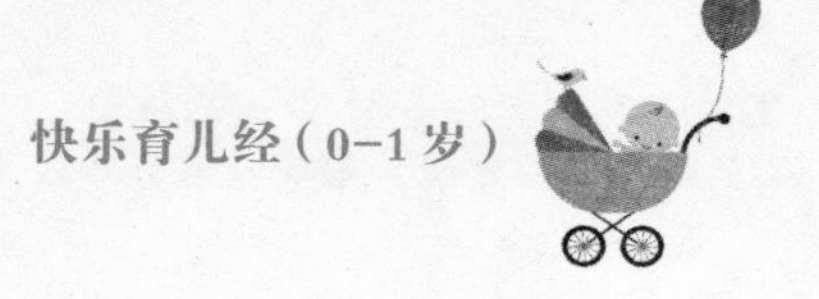

八、吃食物泥体重增加缓慢？

对于规律饮食的宝宝，开始吃副食品才能真正让体重急速增加，食物泥是由各种营养的食物打成泥状，让宝宝充分摄取各类营养素，肠胃也容易吸收。造成体重增加缓慢的原因并非食物泥本身，而是比例的问题，请增加淀粉、油脂、蛋白质的量，慢慢体重就会增加。

九、宝宝吃完副食品就不想喝奶，可以等半小时再喂吗？

可以！副食品控制在半小时内吃完，整餐（副食品和奶）控制在一小时内，接下来让胃好好消化，才有胃口吃下一餐。

十、本书常常提到“热量不足”，到底是什么意思？

热量不足分两个方面，一个指的是吃不饱，另一个指的是吃下去的食物无法撑到下一餐或无法提供身体所需。

吃不饱：第一个发生在厌奶或厌食时，宝宝每次都只吃一点点，不饿就不吃。另一个是在妈妈给宝宝提供无法顺利吞咽的食物时，宝宝咀嚼一下因为嘴巴累了而放弃继续吃。

吃下去的食物无法撑到下一餐或无法提供身体所需：淀粉会在吃下去时优先消化，蛋白质消化的时间比较长，故在淀粉消化完后，需要蛋白质接力下去，而淀粉和蛋白质能为人体提供足够的饱足感和热量。平日在准备宝宝副食品时，一定要格外注意淀粉和蛋白质的量（所有食物适量对身体好，但是过量就有害，请勿无限制提高蛋白质和淀粉的量）。

无论是哪一个原因，导致的结果是宝宝每段睡眠无法稳定，小睡常常提前清醒，早上也提前清醒，吃不好睡不好也自然情绪不好，常会乱哭乱闹。

3 日常生活的教养

6个月后，宝宝开始会爬、坐，清醒的时间也多很多，除了调整作息，你也很需要跟孩子互动。教养该从何时开始呢？6个月是恰当的时机，把家庭的家规导入，让宝宝从小把家规当成自然的习惯。

开始学习手语

在宝宝学会口语前，与妈妈的沟通一定充满挫折，常见亲子沟通上的障碍有“宝宝无法表达自己的感受让妈妈知道，气得大哭大闹甚至头往后仰”。如何解决这个问题？教宝宝手语是最好的沟通方法。

以简单的手势让宝宝主动表达他的意思，增进父母与孩子间的沟通，进一步了解他的需求，常见手语单字有：拜托、肚子饿、喝水、吃饱。

你可以参考手语教学网站或书籍，我是以更简单易学的方式教钧：手拍肚子表示吃饱了，手拍尿布表示想换尿布，手握拳碰嘴巴表示肚子饿。教法是在钧吃完饭结束后，抓着他的手拍拍他的肚子，妈妈一边用口语说：吃饱了，或是妈妈自己拍自己的肚子说：吃饱了，示范给他看。

一开始教，你一定会充满沮丧感，怎么教孩子都没有反应。请每日持续不间断地教，最晚约 1 岁左右，多数的孩子就会理解且常常用手语跟你表示想法。

钧妈碎碎念

早期有专家表示：学手语会造成语言障碍或迟缓，事实上不会！学手语更能增进亲子间的沟通和学习语言的动力，而且真正学会语言后，多数宝宝会觉得用“说”更快，而渐渐将手语当作次要的沟通方式。

钧约在 2 岁前也是以手语为主要表达方式，后来会说话、上幼儿园后，因为口语更方便而慢慢不再使用手语，故手语可视为 0~2 岁间亲子最主要的沟通方式，会手语也能让孩子情绪有表达的出口，不需要用哭闹就能表达想法。

生活该有界线

将生活守则、生活界线自然而然地带入孩子的习惯，有界线的家庭生活才能进一步教孩子分辨是非，让孩子了解如何与大人应对进退，学会如何掌控情绪。

一、打手心，让孩子感觉痛

俗语说：“初生之犊不畏虎。”多数的家庭意外均发生在孩子会爬、会走后，即便大人处心积虑将危险的物品藏好，仍然很难完全防范。钧 10 个月时就懂得怎么打开我家的安全门栏或翻过去，除了盯紧他，要进一步教导他。

一岁以前宝宝对语言理解薄弱，需要妈妈用行动使他理解“危险”，你可以先罗列几项高危险的物物（以我家为例）：

1）电线和插座

2）电暖炉

3）厨房（除非你把厨房的东西都放高）

当宝宝开始玩电暖炉时，妈妈可以过去打一下他的手说：“不可以。”反复多次后，孩子会将“痛”和“电暖炉”联系在一起，用他自己的身体体会这种行为是危险的。

钧妈碎碎念

“打手心”和“不可以”只能用在1岁前，1~2岁间宝宝对语言理解渐渐成熟，也会渐渐学会模仿，效力会逐渐减低，你需要改变教养方式，但不必打，改用口语，1~2岁间的宝宝只会听一个点，你可以改变说法将“可以”取代“不可以”，你会得到意想不到的效果。

例如：不可以碰热汤（X）→手放在桌子上（O）。

每个年纪都有不同的对话、教养方式，如你的孩子已经满1岁，可以到我的博客看更多的教养文章。

二、引导宝宝的方法

宝宝是健康、活泼、好奇心重的，你不能用大人的眼光要求孩子。当你发觉自己一整天都在骂或打小孩时，即表示应该冷静下来检查是否没有依孩子的月龄教育，且过度要求孩子。

1. 咬人

1岁前的婴儿和幼儿、儿童期的咬人、打人行为原因不同，有的婴儿只是觉得有趣或无法表达自己的想法、长牙想咬东西等原因。当婴儿咬人时，很多妈妈会马上举起自己的手打小孩或也咬婴儿的手臂一口，以为这样就可

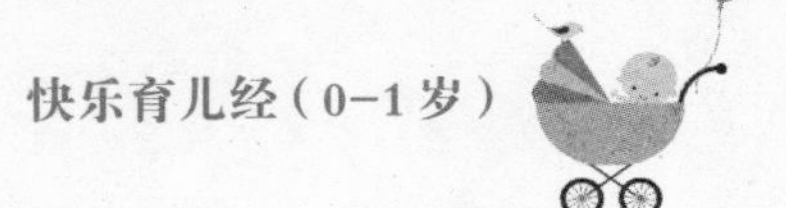

以教孩子“咬人会造成伤害”，但其实孩子不了解你要教他什么，反而感到困惑而模仿妈妈的动作。还有部分采取爱的教育的妈妈会让婴儿看被他咬出来的伤口，装出“好痛好痛”的表情，希望引起孩子的同理心，这个教法同样无用。1岁前的孩子同样也不理解你在做什么，同理心教法要等1岁半之后才会起作用。如果孩子因为有趣、好玩、愤怒而咬人，你不要表现得惊慌失措或大声叫，因为这很容易让孩子觉得有趣而想再咬人。可以将他的上臂压进他的牙齿，让他觉得痛，了解咬人是会造成伤害的，这是教孩子体贴他人的第一堂课。如果因为长牙，只要买供孩子咬的安全玩具（像苏菲长颈鹿）给他咬就好。

2. 打人

婴儿不会说话，常常在无法表达意思的情况下愤怒和打人，一旦出现这样的动作时，请你紧握住他的手或身体（制止他），肯定地告诉宝宝：“不要急，妈妈会帮你处理。”如果是因为好玩或跟别人示好而打人，表示孩子只是不懂得碰触别人该用什么力度，可先握住他的手制止他，接着轻轻将他的手放在别人身上，告诉他：摸别人时要轻轻的。

3. 咬乳头

亲喂时，长牙、情绪不稳时宝宝容易不自觉地咬妈妈的乳头，可先轻弹宝宝的脸颊，用乳房将宝宝鼻子稍微闷住让他松口，并停止哺乳，两三次后宝宝就懂得当他咬乳头时就没奶喝。同时，不断严肃地跟宝宝说不能咬乳头，咬乳头时妈妈很痛，喂奶前再三提醒不能咬，如果咬就暂停哺乳。如果是感冒、鼻塞也容易发生咬乳头的情形，此时可以用直立的方式哺乳。

4. 喷口水

大多数的宝宝此时都会喜欢“噗、噗、噗”喷口水的游戏，这很正常，不需要理会或制止。

5. 丢玩具

大多数的宝宝都有此行为，尤其是1岁前后，除了练习丢投的手部动作，也在吸引父母的注意，如果宝宝还不会走路，他将玩具丢出去后，不需要帮他捡回来。出门在外时，可以将玩具和绳子绑在一起，就算他丢出去也能自己拿回来。如果宝宝已经会走路，就能开始教宝宝如何收玩具了（请见本书“学习独玩”章节）。

6. 抽卫生纸，玩遥控器、手机等

所有的宝宝都会玩，此项游戏练习手部动作，你可以将卫生纸收好，并拿相似的玩具给他玩。

7. 尖叫

不必阻止孩子尖叫，而要帮助他明白在家可以随便尖叫，在外却不可以。在外尖叫时，轻轻弹他嘴巴一下，告诉他：“在外面叫，阿姨叔叔会很不舒服！”多次后宝宝自然会分辨在家里和在外面的差别。

餐桌上发生的问题

一、喂泥技巧

所有的小孩子都没有耐心让你用一分钟一口的速度喂食，喂食物泥的速

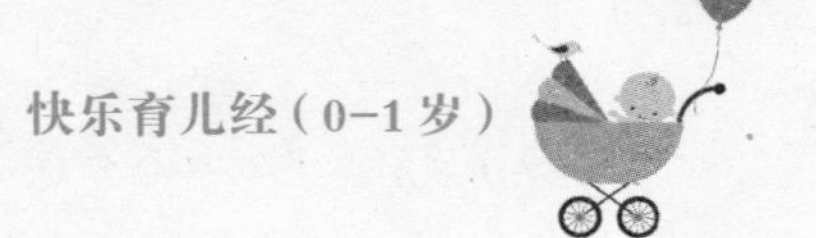

度必须非常快，因为是泥状物，不用担心会噎住，就算你的速度比宝宝快（他还没吞下去，你的汤匙就已经到他嘴边），他也会吞下去才吃下一口，但是你的汤匙已经到他的嘴边，可以立刻开口就吃下去。

在喂的过程中，宝宝的头一定会转来转去，你的汤匙就要看准他的嘴巴喂下去（这就是为什么要坐在餐椅上喂，才不会造成边追边喂）。整体喂泥时间：500 毫升约 10~15 分钟就喂完，最多不要超过 30 分钟。

二、抢汤匙、碗及吃手指

出于好奇心，所有的小孩都会发生这个状况，没喂多久就开始抢汤匙、碗。可以跟宝宝说：“妈妈现在在喂你，把手放在桌子上。”接着抓住他的手放在桌子上，多次示范给他看。吃手指的时候，除了抓住他的手放在桌上之外，也能用碗或汤匙挡住他的手赶快喂（这时喂食的速度很重要）。另外，1 岁前的宝宝语言理解能力较弱，也可以打一下他的手背，让他感受到疼痛，再将他的手放在桌子上，以行动让宝宝理解。

三、没办法专心在餐椅上吃副食品

喂饭一直都是妈妈的噩梦，因为妈妈无法了解宝宝在想什么，只能根据状况来猜测他的想法，以下是几个判断方式：

1. 不专心

玩椅子、东张西望等。宝宝 1 岁前专注力很低，不专心是正常的，所以除了要以很快的速度喂完食物泥外，宝宝开始分心时，可以跟他说说话、唱唱歌，引起宝宝的注意，超过 30 分钟就放弃，把食物收起来，下一餐他会因为较饿而更有胃口吃。不要借电视让宝宝吃饭，这样长期下来反而会让宝宝失去专注力。

2. 刚坐上餐椅，就嘴巴紧闭，头摇来晃去不吃

这表示宝宝已经对副食品挑剔或厌恶，先寻找他一定会接受的食物，第一口硬塞，他接受后就会一直吃下去直到吃完。

四、练习用水杯喝水

6个月开始，可以练习用水杯来喝水，这时候只是练习，为以后做准备，无需真的戒掉奶瓶。白天时，可以在水杯中装他喜欢喝的，在他面前倒入杯中，引发好奇心，他会试着咬一咬吸管口，喝到喜欢的液体就会学习吸水，多练习就会越来越顺手。

可以尝试使用“大眼蛙”，温水倒下去会自动跑到吸管口，小孩咬一咬就会喝到，缺点是不好洗和易坏，故等小孩习惯后可以改成一般的吸水杯。曾有妈妈分享他家小孩戒夜奶的方式，就是当宝宝半夜要喝奶时，她用水杯装奶，结果小孩因为需要坐起来喝而放弃。

学习独玩3步骤

让孩子学习独玩并不是让妈妈偷懒，而是让宝宝学习专注力和独处，并且四处探索家里的环境，学习细小动作，促进肢体的发展，像钧就是从探险房间的过程中学到很多东西。

举例来说：钧学习开关抽屉，经过几次被抽屉夹到手之后，就学会开关抽屉了。6个月后的孩子往往清醒时间已经延长，需要更大的活动量，如果还24小时黏在妈妈身上，就会让妈妈无法关心给另一半和家庭，造成妈妈对

注意：喝完奶一定要先直立休息30分钟，
不然宝宝没爬多久就会在地上吐一摊奶等你收拾。

育儿这件事喘不过气来，也容易放弃，而把孩子丢到幼儿园。

0~6个月前（尚未学会爬行）的宝宝并不适合学习独玩，因为还无法移动身体，睡眠时间也多。你可以将家务放在小睡时。宝宝清醒时，趁喝完奶心情很好时，用音乐铃、健力架让他玩个5~10分钟后再开始陪他玩游戏、看布书、做脚踏车运动等。6个月后就能开始学习独玩。

【学习独玩步骤1】

宝宝约五六个月开始，会学习挪动身体（肚子贴地），可以试着在他附近摆放玩具（请把玩具放在孩子看得到且摸得到的地方）。坐在离他远一点的位置，宝宝不耐烦就立刻结束独玩游戏，慢慢让他学习到探索的乐趣。

【学习独玩步骤2】

将地板擦干净或铺上巧拼地垫，在地板上放宝宝感兴趣的物品，让他自己玩，妈妈则可以看看书、电脑，跟他同处于一个空间。不需要阻止他玩任何物品（危险的例外），宝宝在探索时，肢体和细小动作的学习会特别快速。

【学习独玩步骤3】

等宝宝可以不理会你独自在房间玩游戏时，可告诉宝宝："妈妈先离开5分钟，马上就回来。"出去上个厕所立刻回来，接着慢慢将你在房外的时间延长一点，让他习惯母亲进进出出房间的感觉。

有时候在练习独玩时，孩子会一直爬过来抱住妈妈，妈妈可以假装没看到他，孩子觉得无趣就会离开，基本上只要眼神没对上，孩子并不会有妈妈不要他的感觉。

钧妈碎碎念

跟大家分享钧的游戏：将宝特瓶装上弹珠，钧一推就会发出声音且滚走，让钧追着宝特瓶移动。

【独玩需要注意的事项】

1）一定要注意居家的环境安全，否则当你没注意时，孩子玩到危险的东西发生意外，容易造成终身的遗憾。

2）不要因为孩子会独玩，就整天都不跟孩子玩而忙自己的事。要懂得拿捏陪伴孩子的分寸，一天中一定要有一段时间陪着孩子玩，否则容易变为孩子为了吸引你的注意，做出自残的行为。

3）如果孩子已经会独玩，却突然某天黏着妈妈且哭闹频繁，就要注意孩子是不是长牙、生病、分离焦虑。妈妈要对孩子的事情敏感一点。

4）不要因为孩子会独玩，妈妈就长时间处在看不到孩子的地方，要随时随地注意孩子正在做什么，谨记：孩子太安静时就代表有问题，时时注意才不会让孩子发生意外。

游戏床时间是否必要

“游戏床时间”是指：单独让孩子在游戏床内玩放在床上的玩具，母亲离开房间且没有在婴儿的视线内。

我反对给孩子游戏床时间。宝宝清醒时，让他处在比较大的探索空间或游戏围栏空间，胜过单独放在封闭的游戏床中。因为游戏床无益于宝宝的发展，也无益于培养专注力，容易造成孩子封闭感或惩罚感。

我家附近有间饮料店，做母亲的只要一忙就将孩子丢入很高的游戏床

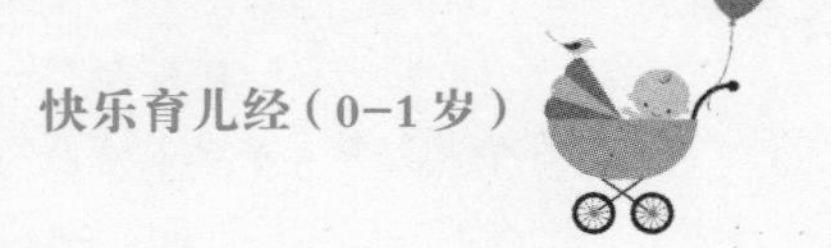

内，我就会看到一个哭闹尖叫不休的孩子，对他而言，游戏床成了监狱。

不过，还有些例外状况，反而可以多利用游戏床时间：

⊙小睡时间还没结束，宝宝却先醒来，可让他先在游戏床（婴儿床）内玩到小睡时间结束。

⊙等1岁3个月后改一次小睡时，假如调整成睡第一段小睡，第二段小睡时间可以改成游戏床时间，无论是孩子不睡自己玩或是不小心睡着都没有关系。

我很喜欢崔西（Tracy Hogg）在《超级婴儿通》一书中的一句话："宝宝安全感来自于你对他的了解。"多数的母亲误以为"一直抱着"、"长时间陪玩"、"不让孩子哭"就是给孩子安全感，事实上应该了解孩子的个性，了解孩子哭的意义，引导孩子往良好的方向发展，成为孩子的知音，才是给孩子安全感，过度陪伴或过于疏离都会带给孩子不安全的感觉。

如果过度陪伴孩子，让孩子黏在身边，只要离开他一分钟，孩子就会解读为"你不要他了"，对于孩子肢体发展成长也有不利的影响；过于疏离孩子，就会造成孩子情感的冷漠。育儿要懂得拿捏分寸，母亲的态度远远胜于孩子的态度。

帮助宝宝度过分离焦虑期

很久没听到宝宝哭声，突然有一天妈妈从座椅上站起来他也哭，一离开他看不到也哭，哭到你心慌意乱、心烦气躁，这就是宝宝的分离焦虑症。

为什么有分离焦虑症？出生后约3个月开始，宝宝会认定主要的照顾者，并对其产生依附关系，排斥陌生人，约6~8个月间开始直到分离焦虑症结束前，宝宝并无“物体恒存”的观念，误以为妈妈只要看不见就是不见了。

钧妈碎碎念

分离焦虑症只有一次？不，在宝宝长大的过程中，约2~3次不等，虽然每次的原因都不同，但是你每次都需要帮助他度过，不是任由他完全黏你的身上。

一、从同理心出发，帮助宝宝度过这段时期

宝宝惊恐的是“妈妈不见了”，而你的工作就是帮助他建立“物体恒存”的观念。白天宝宝清醒时，多抱抱他，用温柔的语气跟宝宝说：“我知道你不希望妈妈离开，可是妈妈真的有事情要做，妈妈不会不见，马上就回来。”

你真的有事情要做时，也不要因为宝宝号啕大哭又回到他身边，可以斩钉截铁地跟宝宝说：“妈妈去上个厕所（或其他事情），保证5分钟就回来。”上完厕所后，等哭声变小时又出现在他面前说：“妈妈回来了！妈妈没有不见，不要哭！”称赞他、抱抱他，帮他慢慢建立起“妈妈并没有消失”的观念，走出分离焦虑期。

二、游戏的教导

平时多跟宝宝玩“物体恒存”的游戏，比如：

⊙不见了：把手帕放在宝宝脸上，然后说：“妈妈在哪里？”接着宝宝会把手帕拿掉，你就说：“妈妈出现了。”

⊙躲猫猫：站在宝宝看不见的角落（或另一个房间），大声喊宝宝，让他

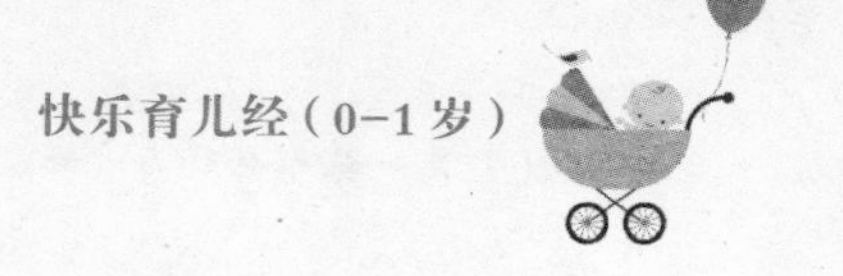

爬来找你。

⊙假设你现在需要上厕所，先将他抱到厕所门口，不关门，告诉他：“妈妈要上厕所。”再带他回游戏场所（或房间），借此教导物体恒存，且他也可以在厕所找到你。

三、让安抚物陪宝宝一起睡觉

你可以给宝宝一个玩偶、小被子，或带有妈妈味道的物品，让此安抚物陪伴宝宝睡觉。

四、安全感的培养

帮宝宝克服分离焦虑症，给予足够的关怀，才是培养孩子日后自信和安全感的来源，简单的解释就是让宝宝相信妈妈言出必行且不会骗他，妈妈不会消失不见。

关于日常生活教养的5个问题

一、我的宝宝一开始还能一口接一口吃，但是吃到百分之八十就开始分心或玩椅背，剩下的百分之二十都要花很多很多时间才喂完，怎么办?

一岁前的宝宝专注力往往不够，大约吃到百分之八十时就已有了饱足感，开始想玩，即便宝宝头转来转去，也可以继续喂，但不必硬是全部喂完。很多妈妈会害怕孩子吃太少，往往喂给孩子的量比他自己需要的量多。假如有教手语，可以问他还要不要吃，并尊重他的选择。

二、为什么宝宝都是这边玩几分钟，那边玩几分钟，是不是专注力不足？

五六个月大会开始有专注力，只有数秒，一岁半幼儿的专注力也只有5~8分钟，一岁前的宝宝都会没玩几分钟就换到别的地方玩别的玩具。宝宝在玩耍时，不要刻意打断他，让他沉浸在自己喜欢的事物上，妈妈也要陪着一起玩，培养起兴趣就会慢慢延长在此事上的专注力。

三、我在打扫时，可以暂时把宝宝放到婴儿床上吗？

可以的，如月龄尚小，让他暂时待在婴儿床内几分钟看妈妈打扫。

四、宝宝根本不是用膝盖着地爬，而是用其他方式爬，是不是发展有问题？

每个宝宝的发展不同，像我小时候从没有爬过，直接就会走路，但是钧爬到1岁3个月才开始会走路，如有发展上的疑问需请医师诊断。

钧妈碎碎念

小玉家的女儿，曾经很长时间习惯在推车内（斜躺）吃饭，6个月会坐后，小玉决定让她在餐椅上（直立）吃，女儿吃不到5分钟就一边哭一边吃，头一直不抬起来，回到推车后则不再哭。但小玉依然苦恼，总不能一直在推车内吃。

我建议她平日先让女儿在餐椅上玩，不排斥餐椅后再换到餐椅中吃饭。

五、边吃边哭还要继续喂吗？

你可以停一下先确认是否因为坐得不舒服，喂的速度太慢，不想坐在餐

椅上吃饭。如果判断不出原因，还是可以喂完后再来思考和判断，不必担心宝宝是否会心理受伤，找出问题解决或坚持让宝宝在餐椅上吃饭，才是根本解决之道。

第六章

9~12 个月：多活动，多消耗体力

1 9~12 个月的作息调整

活动量是这个时期宝宝作息稳定的参考值，不管活动量大与小，此时会发现宝宝清醒时间可以更长，很多妈妈会急急忙忙将小睡急速缩短、删减，如果这样做，就是在弄乱宝宝的睡眠，让宝宝睡眠快速缩短。

本阶段调整重点

你可以根据家中和宝宝的状况安排作息，谨记以下几大原则：

一、睡眠时数

1）宝宝平均每次可清醒 2.5~3 小时。一天两次小睡。

2）晚上睡 12 小时，白天小睡总数不能超过 3 小时；晚上睡 10~11 小时，白天小睡总数不能超过 4 小时。

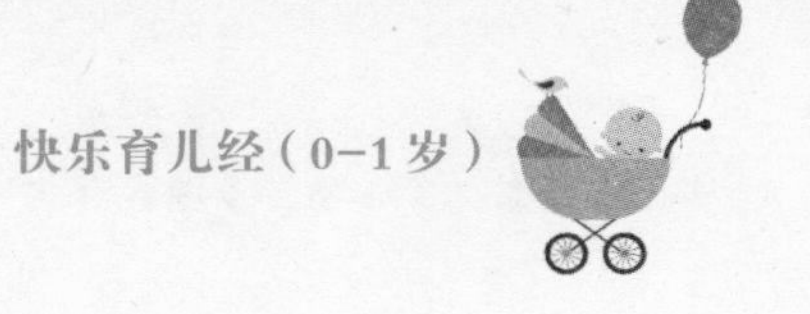

夜晚睡12个小时的每段平均睡眠时间

	9~12个月（排法1）	9~12个月（排法2）	9~12个月（排法3）
第一段小睡	1小时	2小时	1.5小时
第二段小睡	2小时	1小时	1.5小时
第三段小睡	0小时	0小时	0小时
夜晚长睡眠	11~12小时	11~12小时	11~12小时
平均睡眠时间	14~15小时	14~15小时	14~15小时

夜晚睡10个小时的每段平均睡眠时间

	9~12个月（排法1）	9~12个月（排法2）	9~12个月（排法3）
第一段小睡	2小时	2小时	1.5小时
第二段小睡	2小时	1.5小时	2小时
第三段小睡	0小时	0小时	0小时
夜晚长睡眠	10~11小时	10~11小时	10~11小时
平均睡眠时间	14~15小时	13~15小时	13~15小时

至于夜晚睡 12 或 10 个小时的每段平均睡眠时间，可按上表排法 1、排法 2、排法 3，依宝宝睡眠情况，自行安排。

二、睡眠不稳定时如何处理？

上一章说过你可以依睡眠情况，规划 1 岁 3 个月后如何改成一段小睡，决定该删减哪段小睡时间，变成一长一短的两次白天小睡，你可以沿用这个方法继续删减较短的那段小睡或是维持现状。

9~12个月时，宝宝会因活动力、好玩心、分离焦虑等问题而睡眠较少，不过此时孩子已经能够在睡起来后在床上独自玩耍一阵子，可以让他在床上玩到时间到，不必刻意提前离开床。同样的，小睡时间到就直接送上床，让宝宝自行选择睡觉或在床上玩到睡着。

妈妈在这段时期的任务就是尽可能让宝宝多活动，多消耗体力，只要尽力即可，至于宝宝能消耗掉多少体力和能睡多久，则由宝宝决定，妈妈微幅调整或不理会皆可，等宝宝会走后，活动量更大时，自然又能稳定两段小睡。

三、本阶段的情绪变化

10~11个月是情绪不稳的时期，等12个月后又会非常地温和。大多数的孩子在这段时间会开始耍脾气，哎哎叫，不愿意上餐椅吃饭，不好好吃饭，但一定要让孩子学会“处理情绪”，不是他一哭就顺从他，母亲也要学转移孩子的情绪和安抚孩子，因为孩子正在学习遇到挫折时该怎么办（请见本章“9~12个月的教养”部分）。

不要觉得孩子难带就什么都不做或狂打狂骂孩子，母亲一定要学会冷静，因为如果能在0~6个月让孩子学会规律作息，在6~12个月时通常宝宝个性就会很稳定；在10~11个月学会处理情绪的孩子，在1岁3个月~1岁半的叛逆期也同样会比较温和，这都息息相关。

一岁时是孩子脾气最稳定时候，此时妈妈可以喘口气。

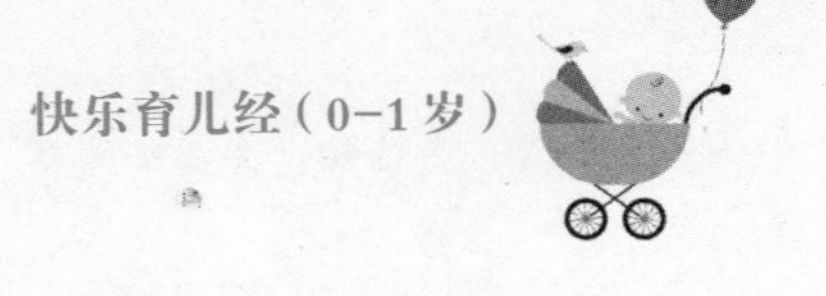

分房或分床

宝宝出生后有些自己睡一张婴儿床（跟父母同房或不同房），有些跟父母同睡一张床，然后6个月后会随着家中的情况分房或分床，假如妈妈必须为宝宝分房或分床时，该怎么分呢?

一、让彼此睡眠品质更好——如何分床?

假如宝宝一直都有母亲陪睡，不愿意自己睡婴儿床，但母亲晚上却一直被孩子干扰睡不好，不是被小孩踢到，就是大人起床会吵到小孩等。在帮孩子分床前，要先确认生活作息是否已经：

1）半夜不需要喝奶，一觉到天亮。

2）有规律作息，知道白天玩、晚上时间到该睡觉。

3）白天适度消耗体力。

【第一步】习惯睡婴儿床

一开始先将婴儿床的床栏卸掉，跟大人床紧紧靠拢，白天时让宝宝在新的婴儿床内玩，熟悉环境，婴儿床内放些宝宝熟悉的被子、玩具。睡觉时间到，要在宝宝清醒却想睡时让他躺在婴儿床内，你自己也躺在旁边陪他一起睡。等宝宝习惯后，把床栏装回去，假如宝宝有点不愿意睡，你可以抱起来安抚，并说：“妈妈还是睡在你旁边，赶快睡觉。”趁他还有意识时放回婴儿床，让他继续睡。

【第二步】不陪睡

等孩子完全习惯后，第二步就是大人开始坐着陪睡（不躺），并用命令的口吻叫孩子睡觉（例如：躺下！睡觉！）。约一星期后离床远一点，坐在椅子上看他睡，逐日渐远，直到坐到门口。等孩子习惯后，就告诉孩子："妈妈等一下就会来找你，你先睡觉！"便离开房门让孩子睡，晚一点自己再进房睡觉。

钧妈碎碎念

在两岁前，简单的口令效果会非常好（例如：躺下！睡觉！），这也会跟宝宝理解语言能力有关，对语言理解弱的孩子，效果会随之降低。

有妈妈问，宝宝先跟妈妈睡同张床，等他睡熟后再抱进婴儿床行吗？不行的！因为宝宝半夜浅眠发现自己睡在陌生的环境，就会哭闹要求妈妈让他回到大人床上跟你一起睡。

二、为什么要让宝宝自己睡——如何分房？

大人与宝宝同房时，会互相干扰睡眠，比方说：爸爸起床要上班时吵到小孩，小孩浅眠时看到妈妈就不睡了，妈妈听到宝宝浅眠发出的小声音就醒来以为要喂奶，大人打呼吵得睡不下去等等。分房能让彼此的睡眠质量更好，宝宝睡到半夜浅眠醒来也能安静地再度入睡。

1. 学习独立的开始

宝宝通过自己睡，会逐渐将自己当成一个独立的个体，学会在没有人协助下做主：醒来睡不回去时，先跟玩具玩，或跟自己说话。这个经验会帮助宝宝长大后即使没有人协助，也能怡然自得，独立解决问题和更快融入环境。

2. 分房的最佳时间

0~5 个月前，为了夜间哺乳与防止意外发生，婴儿床应与母亲的床贴近且同房，方便照顾，5~6 个月后（分离焦虑症前）或分离焦虑症结束后，假如准备了小孩房，你就能准备帮孩子分房。分房前一定要先让宝宝自己睡独立的婴儿床，床上罩着蚊帐。

【步骤 1】小孩房布置得温馨可爱，四周放宝宝喜爱的图案或玩偶、玩具。

【步骤 2】先将该房间当成玩具间，让他习惯在里面玩耍。

【步骤 3】将婴儿床移到小孩房，如孩子能接受，就可以在举行完睡前仪式后跟孩子说晚安，直接离开房间。假如开始大哭，你可以让他哭，坚定地跟宝宝说：“明天早上妈妈会来找你，先乖乖睡觉。”或慢慢让他习惯睡自己房间：拿张椅子坐在角落等他睡，不跟她说话也不理会他，等他睡着再离开。半夜如果哭起来，妈妈可以先查看监视器，再看要不要进房安慰他，或站在门口喊：“妈妈在这里，赶快睡觉。”3~7 天后可以在门口站几分钟后，告诉孩子：“明天早上妈妈会来找你，先乖乖睡觉。”然后离开房间。

3. 分房或分床的好处

宝宝出生后，家庭几乎以宝宝为重心，尤其是母亲几乎没有自己的时间，如果又同床，夫妻之间的关系与亲密行为会大为减少，万一又遇到需要哄睡、需要妈妈在床上才愿意睡的孩子，等孩子睡着后，自己也已经没有精神，就算到客厅聊天，有亲密行为时，也时刻担心孩子会不会突然醒来。分房或分床就可以减少这些困扰。

钧妈碎碎念

钧约 9 个月和爸妈分房睡觉，因为婴儿床上罩着蚊帐，钧也没有觉得环境有异，第一天直接将婴儿床推到小孩房，钧也乖乖在小孩房睡觉，很快就成功分房。但是钧生病时，我需要照顾他，则在钧的床边打地铺睡在地上，用屏风隔开，用这种方式照顾独睡小孩房且生病的钧。

三、和父母同间房——不同床

不是每个家庭都有余房给孩子当小孩房，假如你必须跟孩子同房，但是半夜或清晨宝宝浅眠醒来看到你就咿咿呀呀想跟你玩，不想睡去，怎么办呢？

第四章曾经说到，晚上要长睡眠前，举行完睡前仪式后，关灯（或开小灯），离开房间让孩子先睡，等孩子睡熟或大人想睡时再静悄悄进房。

分离焦虑期间，玩心重的孩子往往浅眠看见妈妈在旁边就会醒来大哭或想跟大人玩，你可以在大人床和婴儿床中间放屏风、遮光架，也可以将婴儿床或游戏床床板降低，四周围上布或床围，只要能挡住宝宝视线即可。

钧妈碎碎念

在跟钧分房前，我很容易被钧吵醒（例如：钧翻身时脚踢到床栏发出声响，我就被吵醒，他却还继续睡）。钧清晨也容易浅眠醒来想跟我玩，彼此干扰睡眠，常常我一个转身就看见眼睛睁大大瞪着我的钧，一开始我用布围住婴儿床，后来钧会站起来将布拉下来，我就改成用屏风遮蔽他的视线，直到钧9个月时，刚好政府发消费券，我们就全部拿来买东西布置小孩房，正式跟钧分房。

4个调整作息的常见问题

一、育儿书上说10个月时就能改一次小睡，可能吗？

育儿书和传统带孩子的妈妈的确会在这段时期就将孩子白天睡眠改成只剩午觉（2~3小时），如果你决定这样做，可以将洗澡和午饭放在午觉之前，让宝宝可以安稳地睡满2~3小时的午觉。只是此时拥有规律作息的宝宝无法睡满两次小睡，不是因为睡眠时数缩短，而是体力消耗不足，等到会走路后，体力消耗更大（走路比爬行会消耗更多体力），就会因为疲倦，必须稳稳地睡满两次小睡才能恢复体力，在9~12个月还是安排一长一短的两次小睡为佳。

二、儿子将满1岁，但夏天到来，他每天只睡11~13小时而已，白天小睡时间到就放上床，他却可以玩整整2小时，作息是不是需要调整？

儿子原本的作息

7:00	第一餐	370毫升泥

9:00~11:00	第一段小睡	
12:30	第二餐	400毫升泥
14:00~16:00	第二段小睡	
18:00	第三餐	400毫升泥
19:00	长睡	

在制订和删减作息时，除了观察宝宝的疲累状态，也要习惯计算一下你制订的作息总时数，虽然夏天睡短是受到气候影响，但是此例中的宝宝基本上是第一段小睡睡饱了，第二段就不睡了，而不睡要撑到晚上又太累，恶性循环导致睡眠变少。建议改变作息如下：

调整后的作息

7:00	第一餐	370毫升泥
9:30~10:30	第一段小睡	
12:30	第二餐	400毫升泥
13:30~15:30	第二段小睡	
18:00	第三餐	400毫升泥
19:00	长睡	

你可以选择删减上午或下午的小睡，但是在这个例子中，让宝宝上午少睡半小时比较恰当，等1岁3个月后可以完全删掉上午小睡，只下午睡或将下午小睡提前一点变成午睡（第二餐也提前一点时间喂）。假设你决定要替宝宝更改作息，一开始宝宝会比较不习惯，妈妈需要陪他玩，转移他的注意力，让他习惯醒更久。

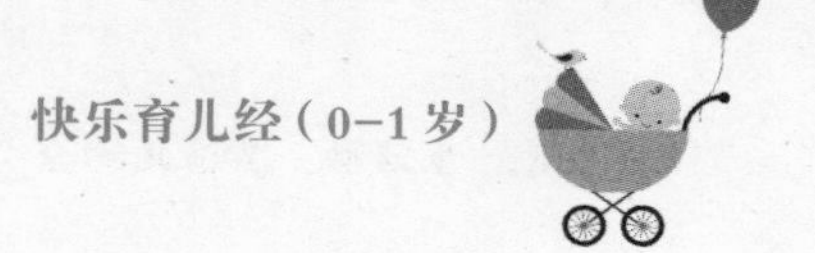

三、我该如何判断宝宝是因为没吃饱还是活动力不足而睡不稳？

9~12 个月的宝宝受到没吃饱的影响很小，除非奶跟副食品吃得少（一天不足 60~100 毫升）、晚餐离睡前太远（比方说下午 4 点吃晚饭、晚上 8 点睡觉睡到隔天 8 点），真正的原因是活动力不足。对规律作息的宝宝而言，晚上睡很久是一种习惯，不会因为某天吃得少而睡不稳。判断是否为活动力不足的方法很简单，通常是上一段小睡不睡、下一段小睡又睡死。

【举例 1】

早上提前醒，睡不到第一餐；

第一段小睡提前想睡，睡得很沉；

第二段小睡不睡；

晚上提前想睡或上床后秒睡。

【举例 2】

早上睡到第一餐；

第一段小睡不睡或很早就醒，只睡一小会儿；

第二段小睡睡得很死；

晚上又滚很久不睡。

【举例 3】

早上提前醒，睡不到第一餐；

第一段小睡睡会儿；

第二段小睡不睡；

晚上提前想睡或上床后秒睡。

四、我的孩子都达不到你书中写的睡眠时数，怎么办?

书中所写的睡眠长度，有的妈妈觉得太少，有的妈妈觉得太多，原因是6个月前受到“食量大小、家庭习惯、母亲是否对睡眠过度干预、孩子体力、前3个月的惊吓反射”等外在因素影响，导致宝宝睡长或睡短，就算没有让孩子受到惊吓反射影响，6个月也有可能会受到“作息调整、体力、环境是否太热太吵、生病、意外教养、分离焦虑症、不良睡眠习惯”影响，让母亲误以为孩子睡眠时间缩短。

根据统计，台湾地区婴幼儿晚上睡眠平均只有8小时40分钟。2岁同龄的孩子很多一天只剩下10小时睡眠，然而规律作息的孩子一天还能保持睡12~13小时（有时更多）。也许你会说：每个孩子都有自己需要的睡眠长度。是的！这个理论大致是正确的，有些孩子无论如何就是不爱动也不爱吃，更不爱睡，自然吃得少又睡得少；在希望孩子吃饱睡饱的前提下，妈妈需要排除掉会妨碍孩子睡不好的原因，让孩子睡眠更稳、更长。

有些妈妈会一直神经兮兮，整天看到孩子不睡觉就心慌意乱。其实不必，当你已经尽了所有努力排除妨碍孩子睡眠不稳的原因后，剩下就是孩子真正所需的睡眠，就算你替他安排的小睡他会提前醒来或自己会在床上玩，这都是学习独玩的一部分，就让他自己在床上玩，不需要过度要求孩子在睡觉时间一定要是睡着的。

也不要跟别人的孩子比较，认真观察自己孩子所需要的睡眠时间，别人小孩子的睡眠长度都只是参考。

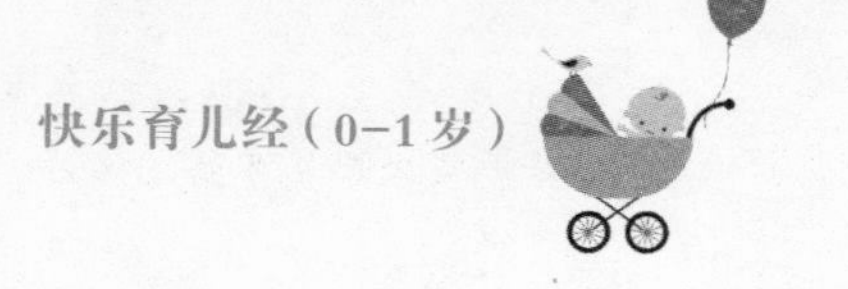

2 如何转换宝宝的食物形态

带孩子最辛苦的地方就是周围亲友老是给你很多意见、施加压力，硬要教你怎么带孩子，甚至有人会以讽刺的语言告诉你：我的宝宝都已经跟大人一起吃饭，你的宝宝怎么还在吃泥或粥？

不要跟别人比较，你最清楚自己宝宝的发展，在适当时候换成更适合的食物就好，你的任务就是让宝宝每餐都吃得营养又健康。

	食物泥	粥	说明
营养度	胜		食物泥能加入多种食材，让整体的食物含有更多营养素。多数妈妈煮粥的习惯是不敢放太多切碎的食材，因为怕宝宝吞咽困难，食材放太少，跟食物泥比较就会显得营养较少。
吞咽度	胜		食物泥容易吞咽，也更能让肠胃吸收。
热量		胜	粥几乎有一半以上是淀粉，热量自然会比食物泥更高，能提供给宝宝更多热量。
饱足感		胜	淀粉、蛋白质、半固体的粥都能带给宝宝更大的饱足感。

美味		胜	粥能煮出食物本身的美味，粥的糊化效果能让肠胃更好吸收淀粉。
容易烹煮	胜		食物泥只需要将食材一起煮熟、打泥；粥则需要先针对难吞咽的食材切碎，需花更多时间烹煮。
水分含量	胜		打泥时需要加入水，煮粥时水分容易蒸发，水分含量不如食物泥多。

注：这里的粥指的是料切细碎、白米煮成粥的碎料粥，非料打成泥、白米煮成粥的泥粥。

该吃食物泥还是粥

曾经有妈妈告诉我，假设再带一次孩子，绝对不会给他吃食物泥；也曾经有妈妈告诉我，他的宝宝只能接受食物泥，且吃到 2 岁。

给宝宝吃食物泥或粥到几岁，或该吃食物泥还是粥，没有一定的答案，我遵照孩子发展进度，每个不同的进度给予适合的食物，慢慢替他转换食物形态。钧一开始是吃食物泥，吃到 10 个月时，开始出现咀嚼的动作，食物泥吃到 500 毫升也没有饱足感时，就开始喂白粥加猪肉泥（泥粥），让他有更多的热量和饱足感。

随着宝宝的月龄增大和咀嚼发展，吃食物泥吃到当你发现宝宝出现咀嚼的动作时，就可以开始更改为更接近半固体的泥粥，等宝宝吃泥粥吃得很顺时，也能再进一步转换成碎料粥，下表为转换的方式，可以依序帮宝宝更改：

转换阶段	食物形态
刚开始吃副食品（阶段一）	比较稀的食物泥。
吃食物泥吃得更顺时（阶段二）	比较浓稠或带一点颗粒的食物泥。

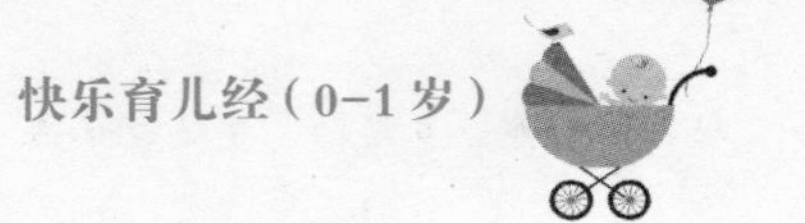

阶段三	先喂食物泥，再吃煮得非常糊烂的泥粥（在同一餐内）。
阶段四	整餐喂煮得很糊烂的泥粥。
阶段五	蔬菜切成细碎小颗粒，肉打成泥的碎料粥。
阶段六	煮得较浓稠（水分少）且米粒保持完整的碎料粥。
阶段七	菜肉都是小颗粒的碎料粥。
长出臼齿后（阶段八）	软饭、炖饭。

泥　粥：指的是将所有食材都打成泥加入白粥中。

碎料粥：指的是将食材都切成颗粒，大多数的宝宝对软蔬菜接受度较高，蔬菜可以先切成细小颗粒。肉类接受度较晚，建议将肉类打成泥直到长出臼齿。

钧妈碎碎念

这里指的是正餐所喂的副食品，平时你也能在吃完正餐、点心时，给宝宝一些食物拿在手上，像米饼、煮得很软的根茎类蔬菜等等，让他练习咬食物。每个宝宝对于食物转换的进度都不同，钧约1岁3个月后才开始吃碎料粥，1岁7个月拒绝吃炖饭，直到2岁才开始吃软的饭。

养壮的重点

6个月后的宝宝婴儿肥会消失，成长也会较慢，原因是宝宝会厌奶、厌食，加上活动量大增，身长长高。面对越来越瘦的孩子，妈妈的焦虑感会日渐加深，该怎么将孩子养胖养壮呢？

喂奶无法满足此阶段孩子的热量需求，要养壮宝宝必须从副食品着手，而副食品要吃得好，孩子的胃就不能太小，真正能扩充孩子“胃”的是副食品。

【养壮重点1】给孩子能顺利进食的副食品

在孩子吞咽能力还不是很好时，建议从食物泥开始，接着观察孩子何时有咀嚼动作，慢慢转换食物的形态，越来越接近固体食物。食物泥还有个很好的功能就是适当扩充孩子的胃，吞咽顺畅时就确实能吃饱，很多妈妈会在宝宝还在练习吞咽时就直接给固体食物（例如：7个月就开始给宝宝吃白饭），因为无法顺利咀嚼，宝宝嘴巴咬得很累而放弃吃，很快就饿了，少量多餐的循环下就会造成胃口很小。

你也许会有疑问：少量多餐不好吗？小孩养胖了必须减肥，如果宝宝少量多餐，宝宝的活动量比大人还大，一定胖不起来。

【养壮的重点2】转换食物形态

在适当的时机必须改成喂粥，比如当孩子已经开始能自由咀嚼粥时；比起用调理机把白饭打成泥，煮粥中米的糊化程度比食物泥更好，淀粉占一餐的二分之一，小孩就会快速增胖。这个前提是孩子“已经用食物泥把胃口增大”、“能轻松吃下一餐粥”。当孩子活动量已经增大，却依旧喂含水量大的泥时，孩子是胖不起来的。

【养壮的重点3】与大人相反的饮食

婴幼儿需要适当的油脂、蛋白质、淀粉。胆固醇、必需脂肪酸，对0~3岁宝宝智力发展非常重要，成人却应该减少摄取。副食品要以天然食物为主，少摄取人工合成的药锭（如：钙粉、维生素），吃人工合成药锭容易造成婴儿身体负担，根据医学统计，两岁的婴儿最欠缺的营养素为铁、钙、锌、叶酸，宝宝可以从天然食物中摄取这些营养素，而非直接吃药锭。

【给宝宝副食品应注意的事项】

1）食物摄取多样化，任何食物适量才能达到健康，过量都有害健康。

2）适当摄取纤维质、膳食纤维，但不宜摄取过多。我曾经遇到过一个便秘的案例，当时妈妈每餐都会给宝宝吃150克的蔬菜，但是水却不多，当妈妈将蔬菜降到100克时，便秘的情况就大为改善。

3）适当摄取饱和脂肪酸，约占一天总热量的7%~10%。例如：猪油，耐高温，不容易氧化产生自由基，含有丰富的饱和脂肪酸，也容易被肠胃吸收，猪油里的胆固醇是宝宝智力发展所需，少量摄取能解决便秘的困扰，过量则会拉肚子，故月龄较小或肠胃发育不好的宝宝可直接从肉中摄取。

不会变胖的两个饮食方式

宝宝餐餐都吃一大碗，体重却还是落在最后，有些妈妈会纳闷是不是宝宝体质的关系，怎么吃都吃不胖，这时你可以想想家庭饮食习惯是否就不容易让人变胖。

一、吃得太清淡

有些家里习惯吃水烫青菜，炒菜几乎不放盐巴或油，但是宝宝需要热量和油脂，与大人不同，就算要给宝宝吃水煮青菜，也记得补充肉类或油脂。

二、家中不吃或少吃肉

妈妈可能为了家人健康，给宝宝吃副食品时只准备大量蔬菜、豆类，很少喂肉，就算有肉，也都是瘦肉。事实上，小朋友爱吃软软的肥肉，且适当的油脂能让宝宝顺利排便，不吃肉或少吃肉会让宝宝摄取不到肉中的营养，每种动物性蛋白质都含有人体所需的氨基酸，单靠植物性蛋白质摄取会不足，如果家中吃素（我小时候家中就是吃素），也要吃奶和蛋。

如果怕猪肉太肥，可以考虑用全瘦的后腿肉混合较柔软的梅花肉给宝宝吃，各种肉类的平均热量为：猪肉＞牛肉＞鸡肉，你可以把各种肉类平均交替给宝宝吃，不能因为怕油而长期只给宝宝吃单一肉类，毕竟各种肉类所含的营养素是不同的。

钧妈碎碎念

我遇过一个案例：妈妈家里吃素，宝宝也随着妈妈吃，习惯清淡。后来妈妈觉得宝宝应该摄取动物性蛋白质，只要给宝宝吃肉就会拉肚子，长期吃太清淡的宝宝肠胃已经无法接受脂肪量较高的肉类。

拒绝副食品的原因

上一章曾经谈到孩子厌食的原因，到了9~12个月时，孩子更有主见，会拒绝副食品，造成的原因如下：

一、强迫吃下

孩子偶尔有吃不下的情况，焦急的母亲如果强迫、大骂、硬要他吃下去，或是母亲制作的副食品无法让宝宝顺利吞咽、非常不好吃，长久下来，宝宝对副食品就会有不好的印象，进而排斥和惧怕吃饭。建议先停止制作副食品，改成孩子爱吃的食物：水果、米精、蒸蛋、市售副食品等，或请他人代为制作副食品。吃饭时间到时，用温和的语气，先硬塞进第一口，告诉他：很好吃！也不强迫他一定要吃完，避免在餐桌上对宝宝大吼大叫，慢慢改变他对副食品的印象。

二、想跟大人一样吃餐桌上的食物

宝宝始终都想参与大人的饮食，对大人的食物充满好奇，但大人的饮食普遍较咸、大块、硬，不适合宝宝，建议妈妈在宝宝长出臼齿前，还是喂适合宝宝的食物。当宝宝闹着要吃大人食物时，你可以：

⊙先把宝宝喂饱后，大人再开饭并拿烫熟的根茎类蔬菜（红萝卜、地瓜），让他拿着啃。

⊙坚持小孩先吃完饭，才能再吃妈妈手做的饼干或点心。

⊙彻底将大人和小孩的吃饭时间分开。

钧妈碎碎念

身为媳妇，要养育一个“长子的长子”非常不容易；虽然公婆对我很好，有次跟钧爸吵架吵到离家出走在外徘徊时（想回娘家可是又舍不得孩子），还是公婆打电话要载我回家而责备钧爸。但养育钧却常常备受压力，钧瘦的时候被说：别人小孩都一天吃七八顿，怎么钧只吃三餐；胖的时候又被说：怎么喂那么多，胃口被撑大。甚至还会被说：怎么都在喂馊水（食物泥）？我一转身没看见小孩时，钧的嘴里又被偷塞了块饼干。

虽然我们都可以很轻松地安慰别人：健康就好，瘦一点没关系！但在自己孩子身上却完全不是这么一回事，面对孩子日渐消瘦，就会越来越焦虑。能顺利地把钧养得壮壮（不是虚肥）的、很健康，这一路走来累积许多心得，都一一写在本书中与大家分享。

10个食物转换方式的问题

一、为什么不用五谷米、十谷米、糙米煮粥呢？

五谷米虽然健康，但却不适合婴儿，五谷米中的糙米婴儿难以消化，容易胀气，宝宝需要的是分子细小或容易消化的食物，故在米类的选择上还是以白米为佳，或是只加入少量和白米一起混煮，用调理机把难以消化的谷类打成泥，避免全采用五谷米、糙米、十谷米。杂粮店贩卖的燕麦带壳难消化，如果要给宝宝吃少量燕麦，可选择冲泡式燕麦片，比较消化。

二、小孩不快点学会咀嚼，会不会以后都懒得咀嚼而依靠软烂的食物？

我常安慰新手妈妈，没有人一辈子都在吃泥吧！咀嚼是本能，只有发展快和慢的差别，随着年龄增长和牙齿慢慢长齐，咀嚼的能力就会进步。吃泥较久的宝宝咀嚼的进度较慢，有可能到两岁才开始吃粥；一开始就吃粥的宝宝咀嚼的进度较快，很可能一岁多就开始吃软饭。进度的快与慢都不妨碍成长，像钧直到三岁才能顺利吃一般的米饭，跟钧同龄的孩子一岁半就学会吃肉片和白饭，但两者生长无差别，只是钧的食量较大，同龄孩子食量较小。如果想让宝宝练习咀嚼，可以在餐后给他根茎类蔬菜、水果练习啃咬和咀嚼。

三、不赶快学会咀嚼，会不会影响说话能力？

不会！说话能力重在环境的刺激，男孩又会比女孩慢一点。我邻居有位女孩，因为是最小的，母亲非常疼爱，只要女孩拉拉大人裙角，母亲就会赶快猜女孩想要做什么，根本不需要她开口，女孩到两岁多都不会说半句话，直到上幼儿园。同龄的孩子刺激语言的效果也很好，大人说话的速度较快，孩子无法学习，跟同年纪的说话就没这问题，像钧上幼儿园不到一周就从单字变成句子。平时跟孩子在家时，可以用愉悦的语调和缓慢的说话方式，介绍他喜欢的事物，有助于语言学习，但是如果宝宝到两岁多还不会说单字，就可能有发展迟缓的问题，需要去医院诊断。

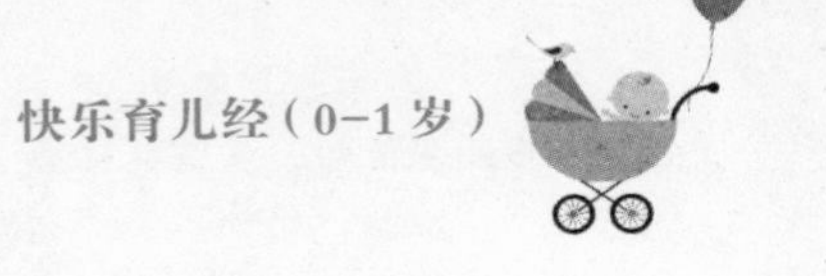

四、为什么宝宝常常被绞肉、较大块一点的食物噎到？

对宝宝而言，直接吞食物比咀嚼食物轻松，蔬菜类比较软，故能顺利吞咽，肉类则需要咀嚼，孩子很容易直接吞咽然后被噎到，接着便吐出来。平时吃肉或大块食物时，可以多鼓励宝宝学习咀嚼，如果宝宝不愿意，也不需要沮丧，帮他把肉打成泥，用剪刀剪小或用汤匙压碎，或把食物弄小一点，随着年龄渐增，宝宝就会对咀嚼越来越熟练。

五、别的小孩很早就会吃粥或饭，我的小孩是不是发展有问题？

不要跟别的小孩比较，没有意义！每个孩子都有不同的学习咀嚼进度，顺着宝宝的发展才是对他最好的选择。

六、能让宝宝吃面、馄饨或水饺吗？

可以！如果宝宝吃粥吃腻时，可以将面条煮得很软很软，或将肉打成肉泥包馄饨，通常宝宝都会很喜欢。

七、依照本书所写，钧是10个月开始吃粥，可是我家一岁多的宝宝都还不愿意吃粥，怎么办？

一般而言，咀嚼能力的发展从 10 个月开始，但不表示所有孩子都一样，你可以试着给宝宝一点得很烂的粥尝试，给他一点食物上的刺激，但是不用过度勉强他一定要吃粥，而是顺着宝宝的学习进度才是对他最好的选择。

钧妈碎碎念

我平时常会把面条加上大骨汤丢入电锅煮，靠电锅的热度把面条煮得非常烂，不过只能当场吃完，不然下一餐因为面条吸水，整锅面都会黏成一团无法吃。

八、宝宝皮肤黄黄的，是怎么一回事？

这是因为摄取胡萝卜素较多，胡萝卜素会存在于深色蔬菜和橙黄色蔬菜中（红萝卜、南瓜等），而 β－胡萝卜素、维生素A都是脂溶性的，必须摄取油分、多晒太阳才能吸收该营养素。建议各种蔬菜轮流吃，营养均衡才能避免肤色变得深黄。

九、按照本章所制的表，为什么粥的热量比较高？食物泥中不也加入米了吗？

多数妈妈做食物泥的比例，习惯采用（淀粉）3 :（蛋白质）3 :（蔬菜）3 :（水果）2，再加一根香蕉，淀粉仅占整餐的四分之一，但是煮粥至少二分之一是淀粉，人体所需热量有40%~50%来自于淀粉，自然是粥的热量较高。

十、晚餐吃饱和6个月后睡过夜有一定的关系吗？

没有！晚餐吃饱是为了让宝宝晚上睡得更稳，如果发现宝宝习惯上床哭到吐，睡一睡起床哭到吐，请你把晚餐设在睡前两小时并减少晚餐的量。

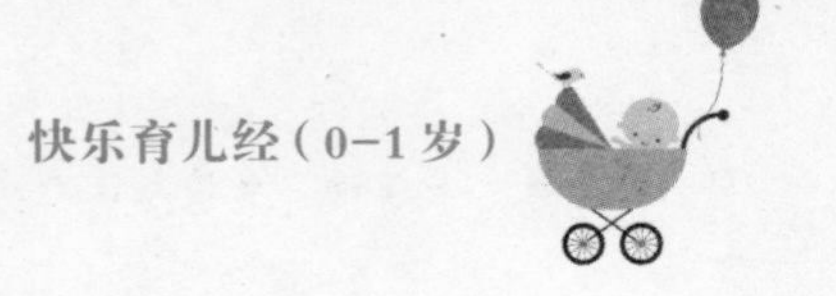

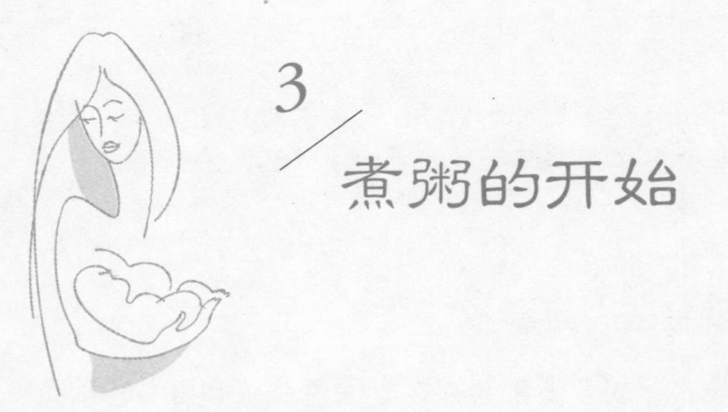

3 煮粥的开始

食物泥虽然营养均衡，饱足感却不强，让宝宝长胖的速度也较慢，活动力或食量较大的宝宝建议在恰当的月龄换成粥。

让粥美味的 6 种做法

粥等于稀饭？不是的！二者不同，粥要煮到米粒全部糊化。白米超过 60 摄氏度就会开始糊化,煮到入口即化后就容易被肠胃吸收,非常适合婴儿食用。

好吃的粥需要有好的高汤，宝宝是天生的美食家，清水煮粥会让粥中带有一股水味，好的汤底能替粥加分，就算没有加其他食材，好的汤底也能煮出好吃的白粥。

一、蔬菜高汤

挑选甜度高的季节食蔬，香甜的蔬菜汤会让宝宝更喜欢，并以循序渐进的方式加材料，100 克的材料加入 600 毫升的过滤水，熬煮一两小时即可关火过滤汤。

至于熬煮完的蔬菜到底还能不能吃呢？可以的。家中所用的瓦斯炉火力并不能把所有蔬菜的甜度熬入汤中，蔬菜还有些甜度，还是能弄烂给宝宝吃，补充纤维质的。

蔬菜高汤制作材料

次数	材料	说明
第一次	高丽菜	记得挑选高山高丽菜，菜味比较重，但不要放太多。
第二次	高丽菜＋红萝卜	挑选台湾地区本土的比较甜。
第三次	西芹＋高丽菜＋红萝卜	除了甜味重的蔬菜，也能加入香气较高的蔬菜，比如西芹。
第四次	洋葱＋高丽菜＋红萝卜＋西芹	洋葱是高过敏性的蔬菜，一定要先确认宝宝是否对洋葱过敏，台湾地区本土洋葱比较甜，水分也多。
第五次	南瓜＋洋葱	长形南瓜水分多且不甜，可选用圆形的南瓜。
第六次	玉米＋高丽菜＋红萝卜＋西芹	玉米农药多，建议挑选有机的。
第七次后	自由组合有甜味和香味的蔬菜或肉类。	

二、猪大骨（排骨、猪肋骨）汤

猪骨汤香醇浓郁且味道接近牛奶，能衬托所有食材的味道而不抢味，是所有料理都很适合用的高汤，宝宝对粥的接受度也会大为增加。

材料：大骨（排骨、猪肋骨）600克，过滤水3000毫升。

1）先用一个锅将水煮滚后，将大骨或排骨放入滚水中烫掉血水，注意一定要将红色的部分全部烫熟。

2）换另外一个高筒的锅，放入3000毫升的过滤水和600克的大骨（排注意：1. 买猪骨记得要切成两半，熬煮时才能让骨髓流入汤中。
2. 猪骨如果只熬一小时，熬不出骨髓和钙质，等于熬肉汤。

骨、猪肋骨），大火煮滚后盖上盖子换小火，排骨熬 1 小时，大骨或猪肋骨则至少 3 小时，中间可以加点水。

3）关火冷却后，放入冷藏，隔日用捞油匙将油脂捞掉。

三、柴鱼昆布高汤

柴鱼和昆布是煮海鲜粥的好帮手，能盖掉鱼的腥味且煮出海鲜的美味。

材料：10×10 厘米的昆布 10 块，柴鱼片（用纱布袋包起来）50 克，过滤水（或大骨汤）2500 毫升。

做法一：提前将昆布泡在大骨汤或过滤水中一整晚，隔天将昆布捞起来丢掉。汤煮滚后，放入用纱布袋包好的柴鱼片，1 分钟后就将火关掉，柴鱼丢掉滤渣。

做法二：将昆布放入过滤水或大骨汤中浸泡，放在瓦斯炉上，汤开始滚时立刻将昆布捞起来丢掉，再放入用纱布袋包好的柴鱼片，滚 1 分钟后关火，把柴鱼丢掉滤渣。

昆布上面的白色粉末有提味的功效，不要洗掉，但是昆布如果煮太久就会产生腥味，建议不要煮太久。

四、鸡高汤

鸡汤香醇浓郁，故鸡汤本身就是主角，适合煮鸡肉粥，但要注意鸡肉有腥味，可以多利用去腥的食材。

材料：鸡骨（鸡胸肉或鸡腿皆可）600 克，过滤水 2500 毫升，葱 3 支。

1）先煮一锅滚水，将鸡骨（或鸡胸肉、鸡腿）放入汆烫 10 秒钟。

2）准备另一个锅倒入 3000 毫升的过滤水和整支葱，煮滚后放入鸡骨（或鸡胸肉、鸡腿）。

3）开小火盖上盖子，慢火熬煮60分钟，关火冷却后放入冷藏，隔天捞油滤渣。

五、小鱼干高汤

小鱼干高汤是需要功夫才能熬得好的高汤，但是富含丰富的钙质，是道绝佳的高汤。小鱼干不能煮太久，以免汤变成苦的。

材料：小鱼干30克，过滤水2000毫升。

1）先把小鱼干的头去掉，如果太大可以切成两段。

2）放入炒菜锅中文火炒，不需加油，只要炒出香味。

3）把炒过的小鱼干放入锅中，再倒入冷的过滤水2000升，开大火煮滚后换小火，等20分钟就关火、滤渣。

六、鱼高汤

虱目鱼是台湾地区常见的鱼类，含有丰富的维生素B_2、维生素A、维生素E、钙质等，做成汤非常营养，只是要注意虱目鱼脂肪是高普林食物，不能摄取太多。也可以选用白肉鱼，请摊贩帮你把鱼肉和鱼骨分开，熬汤可以连肉和骨头一起熬。

材料：白肉鱼（鱼头、鱼骨）600克，过滤水1000毫升，少许姜片。

1）要将鱼的内脏去除，鱼血也一定要洗干净，否则会产生腥味。

2）放鱼肉（鱼头、鱼骨）、姜片，放入1000毫升过滤水，先开大火煮滚，不必盖盖子也不要搅拌，水面要一直保持小滚的状态，小火熬煮20分钟即关火、放凉，放入冷藏隔天捞油滤渣。

想煮出一锅美味的汤，最好是能在汤锅旁边一边煮一边不断地捞浮末，

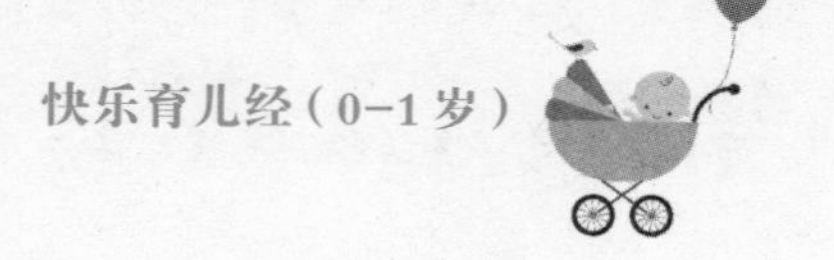

火力要一直维持在小滚的状态。如果妈妈很忙无法守在瓦斯炉旁边，也可以退而求其次放着让汤滚就好。

所有的材料放进锅中，一定要注意水是否淹过材料，否则煮出来的汤会过少。

煮粥不难，教你两种煮法

想将白米煮化成粥，尽量选含水量丰富的米种或新米。挑选白米时，要注意米粒是否粒粒完整、整包米是否大小平均、光泽是否晶莹剔透，选对米能让你轻松煮碗好粥，选错米则会发现怎么煮米都化不开，依然像是水泡饭。

平日先将米洗过，把水滤干后分装冷冻，要煮时再拿出来使用。

一、瓦斯炉煮粥法

1）先将白米浸泡1个小时。

2）米和高汤的比例为1：7，切细的根茎类蔬菜跟高汤一起倒入锅中。

3）高汤煮滚后，倒入浸泡过的米，稍微搅拌一下（避免米黏锅），这时候你可以关火盖盖子离开10分钟去做自己的事情，10分钟后开大火将汤煮滚后换中小火熬煮，慢慢用汤匙翻动锅底（避免米黏在锅底烧焦），煮到白米变成比饭更软的饭粒时（约10~20分钟），捞出一些高汤放在旁边备用，盖盖子焖30分钟，将粥焖到烂，30分钟后如果觉得不够烂，开小火用筷子快速搅拌，将粥煮得更烂和更糊。

4）切碎的叶菜类在煮到一半时倒入锅子跟粥一起煮，不好吞咽的食材需另行蒸熟打泥，待粥煮好时才能加入粥中。

5）将粥放凉，等要开始给宝宝吃时，再将刚刚另外捞出来的汤倒回锅中，这是为了避免米粒把高汤吸干，造成粥过稠。

糖和泥类的食材一定要等粥完全煮糊才能加入粥中，太早加入糖或泥，米粒会一直保持完整形状，无论如何都无法煮到化开。

二、懒人煮粥法

上面的煮粥法必须花时间在瓦斯炉旁边守着，也很容易把粥煮到烧焦，以下是比较简单和适合新手妈妈的煮粥方法。

1）用白饭在瓦斯炉上煮：先用一杯米比二杯水的比例煮成饭，再用1（饭）：7（高汤）的比例用瓦斯炉煮成粥。（这里指的杯都是煮饭用的量杯）

2）用电锅煮：比例为1（米）：5（高汤），用米或白饭都可以，将切碎的根茎类蔬菜和白米（或白饭）放入电锅，外锅放两杯水，等跳起来后再焖30分钟，打开来后搅拌，让粥更烂，如果不够烂，外锅和内锅再各加一杯水继续煮。叶菜类和肉泥要等粥煮到一半时再打开锅盖，将材料放进去和粥一起煮熟。

3）用调理机将白米打碎再煮粥：用电锅煮米和高汤比例为1:5，用瓦斯炉煮为1:7，煮法如上。预先用调理机将米打碎，煮糊的速度会更快。

4）用压力锅煮：比例为1:5，米和水同时放入锅中，水滚后换小火煮5分钟就完成。

最好先自己尝一下煮好的粥，能顺利吞咽才是完全煮化的粥。宝宝一开始从食物泥改吃粥时，可以先煮八倍粥（一杯米比八杯高汤，用电锅煮），等八倍粥吃习惯后，就可以慢慢减少煮粥的水分，五倍粥（一杯米比五杯高汤）吃的时间最长，很多1岁半后的孩子都能吃到3~4倍粥。

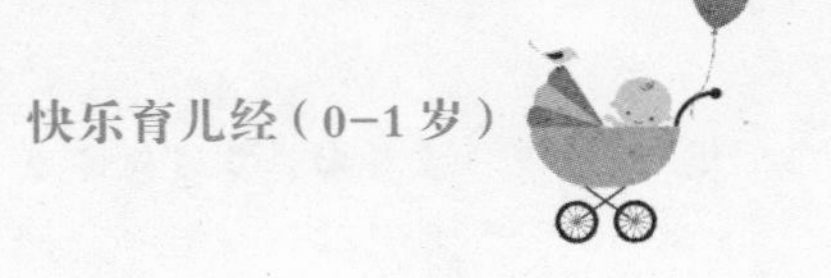

煮粥要注意的问题

一、冷冻粥会出现的现象

粥会越煮越稠，分装冷冻后，再拿出来解冻加热，一开始是稠粥，但粥慢慢冷却下来后，加入粥中的高汤和含水量高的蔬菜中的水分就会慢慢跟固体粥分离，你会看到粥的水越来越多。这是淀粉的特性，遇热浓稠，冷却后则不再浓稠。

所以做泥粥时，用调理机打泥记得不能加太多的水，不然再度解冻加热时，所加的水分都会慢慢释放出来，粥就会越来越稀。

你也可以加入会吸水的食材来改善此现象，如：马铃薯、地瓜、芝麻粉、山药、松子粉等。

二、切勿将粥重复放冷又加热

孩子不一定每次都会将粥一口气吃完，有些妈妈会习惯将孩子吃剩的粥放到下餐再加热给孩子吃，热热的粥放入冷藏或是放在室温下冷却，都容易腐烂，加上盐巴放得少，黏稠、湿度高的粥比其他菜肴更容易腐烂，建议剩下来的粥最好由妈妈吃掉或丢掉（食物轻微腐烂时，多数人都没办法察觉，除非你的味觉或嗅觉很敏锐）。

三、不要将粥放在电锅中保温

电锅中温热的环境刚好适合腐败菌活跃，尤其像高丽菜、丝瓜这类食材都很容易在电锅中腐烂，建议煮好粥后，拿到电风扇下面吹凉，再冷藏冷冻冰存。也不可以把热热的粥直接拿去冷藏或冷冻，因为锅外围冷却较快，但是锅子的中央还维持湿热，食物会从锅中央部分先腐烂。

独家好粥——钧妈拿手粥食谱

蔬菜小宝宝粥

材料：米1杯（140g）、红萝卜30g、红肉地瓜120g、花椰菜少许、猪后腿肉60g、大骨汤980ml、猪油少许。

1）热锅后放入猪油，加入葱、蒜把油爆香，葱和蒜捞起来后放入后腿肉，小火慢慢炒熟，接着用调理机加水打成泥，放在旁边备用。

2）将地瓜、红萝卜切成0.3×0.3cm。花椰菜另外用热水烫熟。

3）大骨汤、红萝卜放入锅子煮滚后，换中小火放入地瓜、米慢慢搅拌，10~20分钟后等米煮成比饭更软的颗粒时，盖盖子焖30分钟，再打开盖子搅拌，让粥更糊烂，煮好后再放入猪肉泥、花椰菜就大功告成。

黄瓜猪肉粥

材料：大黄瓜150g、红地瓜20g、高丽菜100g、猪后腿肉60g、大骨汤980ml。

1）大黄瓜、红地瓜和高丽菜切成0.3×0.3cm。

2）热锅后将猪油放入，加入葱、蒜把油爆香，葱和蒜捞起来后放入后腿肉，小火慢慢炒熟，接着用调理机加水打成泥。

3）将大骨汤煮滚后，放入大黄瓜、高丽菜、地瓜，再度滚时放入米，慢慢搅拌到米膨胀成比饭更软的颗粒时，盖盖子焖30分钟，再打开盖子搅拌，让粥更糊烂，煮好后再放入猪肉泥。

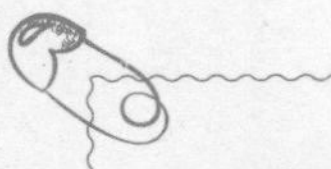

南瓜栗子泥粥

材料：南瓜150g、去壳栗子15g、后腿肉60g、大骨汤980ml。

1）栗子前一天先泡水，煮前先用小刀子把缝隙处挑干净，跟切好的南瓜放入锅中，倒入大骨汤980ml一起煮熟。煮熟后将南瓜和栗子用调理机不加水打成泥。

2）热锅后将猪油放入，加入葱、蒜把油爆香，葱和蒜捞起来后放入后腿肉，小火慢慢炒熟，接着用调理机加水打成泥。

3）用刚刚与南瓜、栗子煮过的大骨汤，煮滚后放入米，慢慢搅拌到米膨胀成比饭更软的颗粒时，盖盖子焖30分钟，再打开盖子搅拌粥，让粥更糊烂，煮好后再放入猪肉泥、栗子南瓜泥。

4 较大月龄的睡眠训练

0~6 个月时，你还不知道原来宝宝可以自行入睡，或是无法忍受哭泣声，家人也不让宝宝哭。但是 6 个月后，宝宝养成的那些入睡习惯已经让你无法忍受，或是宝宝睡眠质量日渐恶化，你不得不开始思考是否应该寻求改变。

有些妈妈以为 6 个月后才训练自行入睡是不可能、很困难的，或只好一直放任小孩哭到睡着为止，这样的想法大错特错。6 个月前，因为宝宝无法有足够的活动让自己疲惫入睡，才会借哭泣学习自行入睡。

自行入睡的诀窍只有一个，让孩子反复习惯累到自己睡着。有些习惯抱着哄才能入睡的孩子，母亲刻意减少白天小睡时间，6 个月后孩子会常常不小心累到自己睡在沙发上，随着时间流逝，渐渐习惯累就自己闭起眼入睡。这和戒尿布的道理一样，让孩子（膀胱）生理成熟后，反复感受膀胱很胀和告诉妈妈自己要尿尿，如果尿湿裤子会很不舒服。等他（自行入睡的能力）生理成熟，不需要让他哭，带着他练习很累后自己睡着，很简单就能让孩子学到自行入睡。

假如你在 6~9 个月后才接触到这本书，建议从这章开始看。

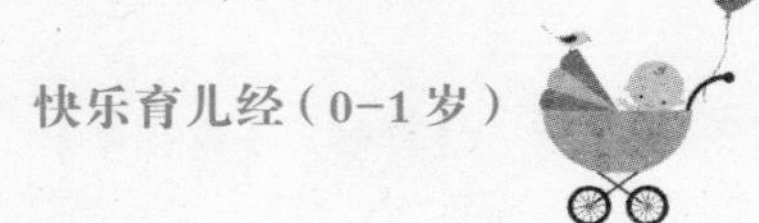

如何教孩子累了就能睡

大多数的妈妈在宝宝出生前就已决定使用哪个方法来带孩子，中途改变者少，想寻求改变是因为宝宝的睡眠日益恶化，或超过母亲的负荷（很多妈妈在长期失眠下造成内分泌失调）。

对宝宝而言，从哄睡改成自行入睡，就是入睡习惯的改变，要改变习惯有很多方式，就像戒烟一样，妈妈可以从旁观察孩子的个性，寻求各种方式来改变这个习惯。

通常哭到极点，孩子一样会累到睡着，是可以达到“累极而睡”，只是很少有妈妈可以忍耐这样的哭声，且这时候孩子已经跟妈妈有极深厚的感情，突然开始让他哭到睡，孩子会以为妈妈改变或不爱他，产生极大的不安感，白天会更黏妈妈，动不动就哭，大多数的母亲会被哭声烦透，如果就此放弃，过些日子想再来尝试，孩子一定会哭得更猛烈来让母亲妥协，这也是很多母亲抱怨哭到睡对自己孩子一点用都没有的原因。这时候的孩子往往很能哭，哭上一两个小时都没问题，哭声也非常大。如果母亲够坚持，孩子也会在哭泣中学习累极而睡，白天也会因为晚上没睡好而不停打瞌睡，孩子学习的速度很快，很快就会抓到自行入睡的诀窍。

假如母亲坚持不再哄睡，让孩子哭到睡着，孩子会由这种身体语言了解母亲想表达的意思，孩子和母亲之间的感情也不会哭一哭就被破坏，慢慢又会建立起安全感和亲密感，也不必担心孩子心理会有阴影。

哭到睡有个缺点，就是会随着月龄效果越来越差。新生儿时期可以 20 分钟进去看一下抱一下；但是8个月后的固执孩子就必须让他彻底地哭到睡着，个性温和的孩子也必须把延迟满足的时间拉到很长，否则就会变成“训练孩子哭，妈妈就会妥协”，失败的原因都在于母亲心软，所以会随着月龄效果越来越低。但这是唯一的方法吗？不是的！

上面谈到让孩子哭到睡的方法是困难又折磨人的，6个月后可以用温和的方法帮孩子改变习惯。以下是开始教孩子自行入睡的事前准备：

1）观察孩子目前的作息状态，并记录。6个月后的孩子通常已经拥有自己的生活模式，做记录能帮助妈妈了解该怎么删减或调整作息。

2）饮食模式需要改变，尽量以副食品为主，并将一天改成3~4餐。

3）白天，尤其是晚餐（距离睡前1~2小时），一定要让孩子吃饱且晚餐休息后才上床睡觉。

4）让孩子学习自行入睡成功后，才能考虑独睡一间房或婴儿床（渐进施行），避免两者同时进行。

5）睡前帮孩子洗个澡，从事安静的活动，避免让宝宝过度兴奋。

6）建立起睡前仪式，开小灯后就跟孩子一起上床睡觉。

自行入睡的两个方法

一、积极的方式——缓和地教孩子自行入睡

妈妈首先每天固定时间起床，时间到就叫宝宝起床、吃早餐，在训练期间不必实行规律作息。

白天开始，让孩子玩到很累后带他到睡觉的地方（比方说婴儿床或大床）继续玩到睡着，保持两次短暂的小睡；晚上则吃完晚餐、洗完澡后，进行静态性的活动，等孩子真的很困时，才关灯或开小灯陪他到睡着，就算大人自己不小心睡着也没关系。这时候必须有耐心地等待孩子累极而睡，不管多晚都不用强迫宝宝睡觉，假设哭闹着要奶睡或摇睡，大人也只要安抚他，让他

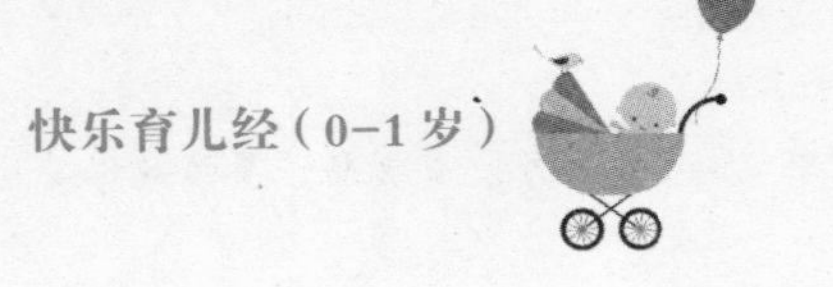

渐渐习惯这种没有奶睡哄睡的入睡模式。

等到孩子都不需要大人从旁协助哄睡后，再慢慢帮孩子把整个作息固定下来，也让孩子习惯关灯就是要睡觉。

等作息又重新固定后，白天尽可能多地消耗宝宝体力、陪他玩。晚上如果宝宝浅眠醒来讨夜奶，可缩短喂奶时间，只要吸几口就可以抽开乳头或奶嘴、奶瓶，注意不给宝宝吸到睡觉。

【案例分享】

玉玲妈妈的女儿已经很习惯奶睡（10个月），一直考虑是否要断母乳才能让孩子晚上不含着乳头入睡，我请她先不要断母乳，只要入睡时改成轻拍女儿的背入睡即可。

一开始，晚上女儿很累想睡觉时，因为等不到妈妈奶睡而哭闹，妈妈开小灯躺在床上抱着她，轻轻拍着她的背或躺在旁边，约一星期后，女儿渐渐习惯躺在妈妈身边，虽然不会一下子就入睡，但是会在妈妈旁边玩一会再睡。

当女儿半夜醒来讨喝奶时，我教玉玲妈妈慢慢缩短喝奶的时间，比方说原先夜奶都要喝10分钟，就慢慢从7分钟、5分钟、2分钟减少，接着抽出乳头，并注意不让女儿喝到睡着，直到可以只安抚而不喂奶。一开始女儿会哭闹，但久了就会改变女儿的习惯，不再喝夜奶。

二、消极的方法——只改变入睡方式

很多妈妈觉得哄睡、奶睡很甜蜜，喜欢这种感觉，不希望做太大改变，只想换一种更没有负担或自己想休息时也能让其他家人照顾的哄睡方式。

哄睡方式的改变在很多家庭里，往往极其轻松，像我认识的一个妈妈住在大家庭，因为婆婆不允许小孩哭，她就改成一边放音乐一边轻拍小孩入睡，夜里如果浅眠醒来还是轻拍入睡，作息调整得很好，四五个月后就算妈妈没有轻拍，宝宝只要喝完睡前奶就跟妈妈一起入睡，虽然还是存在陪睡的问题，但能减轻妈妈的负担。诀窍只有两点：确认孩子累了（作息要正确调整）、新生时就不要使用会让大人造成负担的哄睡法。

⊙改由其他家人哄睡，让孩子的入睡习惯重新建立，也许一开始会很辛苦且孩子会抗拒，一个礼拜后会慢慢习惯。举例来说：本来宝宝在妈妈身边都是奶睡，现在改由爸爸躺着陪睡、哄睡，因为孩子在爸爸身边无法奶睡，过一段时间后，就算回到妈妈身边睡觉，就能不再奶睡，妈妈需要休息时也能改由爸爸照顾。

⊙母亲直接舍弃会对自己造成负担的入睡方式，改用其他方式哄睡，达到亲子和谐。一开始小孩也同样会哭闹或不睡，通常也需要一段时间的坚持才能换成新的习惯。

较大月龄睡眠上的两个常见问题

一、宝宝不再奶睡或不再吸奶嘴入睡，为什么晚上反而好像都不睡觉，非得很晚才睡，早上也很早就起床?

因为宝宝一时之间失去入睡的方式，就会等到非常累才会睡，浅眠醒来同样缺乏自己再入睡的方式，就会自动醒来，妈妈自然会觉得宝宝的睡眠似乎变短，但这只是过渡期，时间长了孩子会慢慢习惯新的入睡模式而恢复正常。

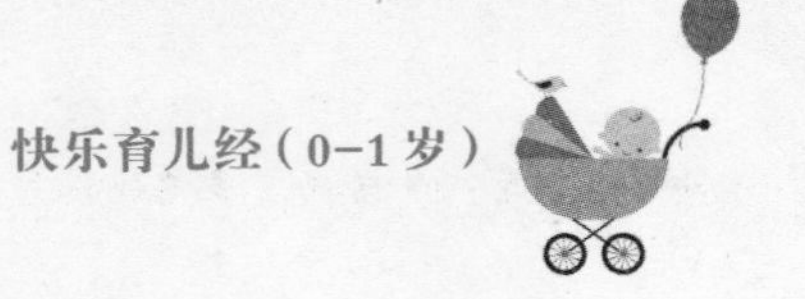

二、我照着上面所写的做，怎么没有效果？

不管用何种方法，母亲都必须要做好心理准备，持之以恒才能看到效果，改变习惯不像泡面，3分钟就泡好，往往需要持续一星期甚至一个月才能看出成果。

9~12 个月的孩子开始慢慢脱离婴儿期，往幼儿期迈进。这段时期智力会大幅迈进，很有主见，也是个性成形的时期，很多妈妈会觉得宝宝个性不稳，因为宝宝不停地想表达意见，无法表达时就开始哭、叫，你想了解他，他偏偏又不会说话，无法理解大人的语言，令你无所适从。到底该怎么与这个小小人相处呢？

婴儿教养的 3 个迷思

一、尽力满足他的“要求”，却不被他“限制”

母亲觉得他只是个“婴儿”，教也没有用，又听不懂，不如顺从他。忙碌的母亲会希望尽快结束小孩的哭泣声，哄他、满足他、让他快乐。

例如：小孩哭闹不想坐在餐椅上吃饭，妈妈觉得他也不懂，就妥协让小孩一边玩，妈妈一边追着喂饭。

二、觉得孩子哭就该安抚，却不教他理解、处理情绪或忍耐

宝宝在这时候会开始展现自己的欲望和情绪，像一个小小的火药库，假设你没有引导他如何理解和处理情绪，随着年纪增长宝宝就会如火药库一样爆炸（引导的方法请见本章“教养要一致、坚持到底”）。

例如：分离焦虑期时，妈妈不想让孩子哭，一直紧紧抱在身上，宝宝就不会理解物体恒存的概念，也觉得妈妈不能够离开自己，只要妈妈一离开就不安而号啕大哭。

三、认为小孩就该顺从大人，不察情绪背后的原因

严厉的母亲会采用高压教导，只要宝宝一做错事，就严厉责罚。忽略宝宝在这个月龄应有的行为，稍有不顺父母就对他大吼大叫。

例如采用高压教养孩子：宝宝已经不想吃，妈妈却强迫一定要吃完，出发点是害怕孩子没吃饱，会长不胖，却忽略孩子个人意愿。

又例如忽略宝宝的月龄：孩子是健忘的，同样的教导必须一而再、再而三地做，很多妈妈总是忽略这点，认为狠狠打小孩一次，他就会记得。

3种不同个性的教导方式

哭闹不休时，必须观察背后的原因，了解孩子的个性，再决定如何处理。孩子会随着环境、父母的身教形成个性，这个性并非绝对不变，父母的教养决定了孩子未来的个性。个性可分以下3种：

一、固执型

这种类型的孩子往往好动又脾气固执，可以哭上3小时都不停，面对这样的孩子，必须更有技巧地引导孩子，视状况而采取各种方法（见P.262“教养要一致、坚持到底”一节）。

二、圆润型

这种类型的孩子非常好带，好吃好睡，也容易相处，连溜滑梯都会先让小朋友溜完他才溜。妈妈可以试着欣赏这个优点，不用太强迫他跟别人打招呼、保护自己等生活常规。哭闹时也能很快转移注意力。

三、敏感型

这种类型的孩子常常在分离焦虑期过去后还黏着父母，敏感，不愿接触陌生人。建议大人不用太过黏着孩子，事事替孩子的心情着想。试着多带孩子出门跟人接触，学习跟其他小朋友一起玩。哭闹时，父母可以坚定地冷处理，如遇到困难可多拥抱他，鼓励他去尝试。

钧妈碎碎念

朋友的小孩有一阵子吃饭没吃几口就开始大哭，朋友走出门外冷处理，等孩子停止哭泣就回来喂，一喂又开始大哭。经过观察，发现宝宝是因为绑在餐椅上很不舒服，后来改回餐摇椅后便解决，能快乐吃饭了。

妈妈要学习深呼吸

常听到某某妈妈失控打了小孩，然后又后悔。没错！从9~12个月开始到

孩子上学，宝宝个性想法已经形成，势必会和你有意见相左的时候。

1岁前（每个阶段的教养方法都不一样），你要懂得如何处理，当孩子有任性的要求，而你无法替他达成时，他会放弃哭吗？不，孩子会用更强烈的哭声来要求，所以孩子的哭声通常都是如下图：

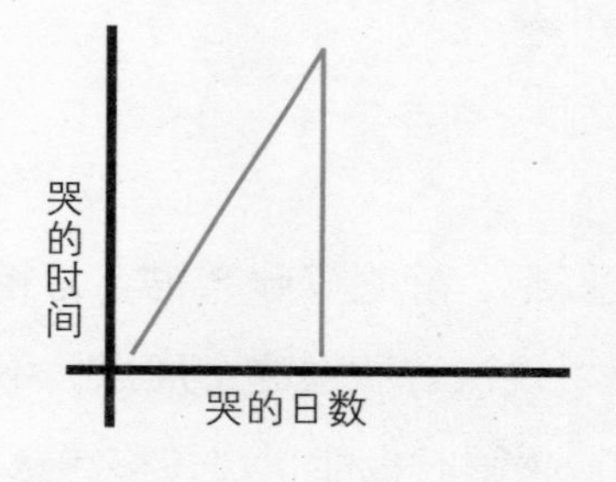

抱或不抱孩子是一门很大的学问，为了避免孩子形成一种制约反应：我只要哭，妈妈就会达成我的任何要求。妈妈就要养成好习惯：先想1分钟，再采取行动，而不是孩子一哭就立刻冲上去抱起来哄。火气上来时，也记得先深呼吸，冷静下来，别失控。当你想狂扁小孩时，宁可自己走到门外让小孩哭，也千万不要失控打下去（尤其是很容易发生意外），失控的力度往往会发生令人遗憾的后果。

教养要一致、坚持到底

家里制订简单的几个规定，尤其要将危险性高的物品放高。日常生活中如果无法满足小孩，小孩却用大哭来要求时，该怎么办呢？

一、冷处理

当宝宝发怒或大哭时，就算讲道理也没用，不如冷处理让宝宝冷静一下。

你可以在旁边看书或假装玩玩具，他哭一哭觉得无趣就会过来陪你玩；假如因为你在旁边而哭得更大声，你可以走出门外。宝宝会在这过程中了解到不是任何要求都能用哭达到，知道限制所在（妈妈不是每件事都顺着他意）、忍耐一下（妈妈现在正在忙，等下就会陪你玩）或处理情绪（哭不是解决事情的方法），这也是让宝宝发泄情绪、认识情绪的另一种方式。

如果是固执的宝宝，他表现愤怒的方式是：生气时撞头或往后仰，有两个方法可以处理：

1）让他撞，他会知道痛，承担撞头的后果。

2）如果宝宝出现更激烈的自残行为：将他放入婴儿床或有保护的环境，让他尽情发泄情绪（撞），等他冷静下来再去抱他出来。例如：想爬进危险的厨房，不吃饭想吃糖果饼干，觉得无聊乱哭，可是你正在忙时，请坚定地告诉他：妈妈忙完就会陪你玩。

二、转移注意力

9~12 个月的宝宝，可以多用这个方法，用别的物品吸引他的注意力。一岁前的宝宝注意力很短，用别的声响或玩具就能转移注意力。

例如：宝宝抢别人的玩具，可以拿属于他自己的玩具来交换，同时也是在教他不能抢他人的玩具。吃饭时开始分心时，可以唱唱歌吸引他的注意力，真的不想吃就收起来（千万不要开电视喂孩子，长久下来会更无法专心），或是你完全找不到他哭闹的原因时，转移注意力也是个很好的方式。

三、拥抱

如果宝宝是因为遇到困难不想尝试，请鼓励他继续做并给予一个拥抱，如果真的不愿意也不勉强。

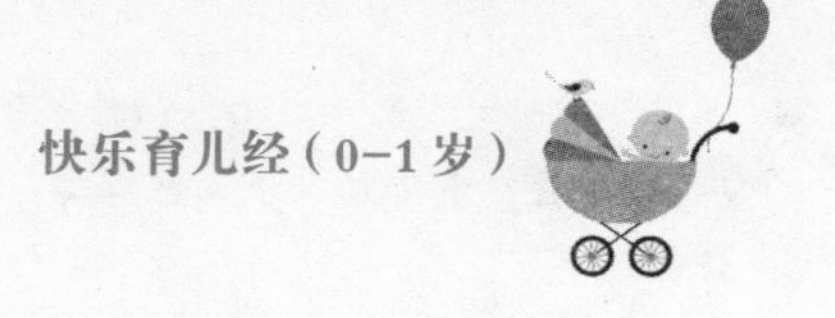

四、提醒再提醒

如果所有方法都试过了，打也打了说也说了，还是一犯再犯，怎么办？宝宝永远会向父母挑战，也永远健忘，记得小时候我妈妈最常骂我的一句话是：为什么怎么讲你都不听。放轻松，你只要尽到一再提醒的责任就好。

五、不以大人的角度要求

严厉的母亲常犯这样的错误，看见别的孩子已经会走，就觉得自己的孩子也应该要会；看到别人的孩子会拼图，就开始强制训练小孩；希望孩子应该要会乖乖玩、不吵闹，强制要求孩子自己独玩（独玩跟陪玩其实一样重要）；希望孩子半夜不会起床；希望孩子不能害羞内向；希望孩子出门都很乖。这样的态度会让母子压力都过大，孩子也能感受到你对他的压力。

当你发现一整天都在狂吼、打小孩时，就表示你已经以大人的角度看待孩子。请检查你对孩子的要求，哪些不是这个月龄办得到的，将家规简化到几项即可。以我家的家规为例：

1）睡觉要自己睡。

2）吃饭要坐在餐椅上。

3）不能玩电线或插座。

4）不能爬进厕所和厨房（厨房放了门栏，不过钧很快就学会开门）。

六、其他生活上的教养重点

1. 妈妈有权利决定小孩吃什么食物

带过孩子的都知道，吃饭永远是妈妈最大的压力。在孩子不吃时，有些妈妈会把肉松、海苔酱、卤汁加在粥或饭中。当妈妈尽力改变饮食、找寻宝宝喜欢吃的食物时，请记住：宝宝也有权利选择吃或不吃。孩子真的不愿意吃就收起来，保持吃饭时愉快，也避免宝宝对副食品更排斥。

2. 不要训练小孩哭

决心要让小孩哭时（9~12 个月），无论睡眠或日常生活，千万不要哭个十几分钟就妥协，这无异于训练小孩哭，这个月龄的孩子都非常能哭，往往能哭上两三小时,务必等到孩子哭到小声（哭到低点）或停止时,再进房安抚。例如：钧个性非常倔强，假如不愿意睡觉时，我会用监视器在外面看，避免他看到妈妈就更哭个不停，他看不到妈妈反而哭个几声就停了。

3. 学习收玩具

9~12 个月的宝宝多数还在爬，你可以每天在睡前收玩具给他看，等宝宝会走后就一样一样放在他的手上让他丢进玩具桶，从小开始学习收拾，这是学习独立的第一步。任何习惯都需要长时间才能养成，例如：钧约 9 个月我就开始收玩具给他看，一岁多会要求他一样一样自己收玩具，两岁时教他分门别类收玩具，这些都需要妈妈坚持和以身作则。

4. 在外吃饭

从会坐开始，在外吃饭都要习惯坐在餐椅上，爸妈可以挑他肚子饿的时候去饭店（带着他的食物），吃饱后拿米饼给他吃或玩具给他玩。一开始宝宝还不习惯时，你可以将吃饭时间在 0.5~1 小时内结束，慢慢延长时间，避免夫妻两人一个抱小孩一个吃饭。宝宝养成习惯后，随着年龄增长就更会在餐椅上吃饭，不乱跑。

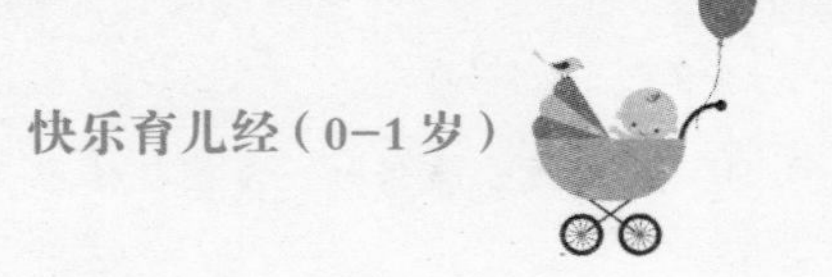

5. 以自由发展取代拘束

很多妈妈此时都会拼命想东想西来跟孩子玩，但是轮到自己有事情要做时，孩子紧紧黏着自己，然后才叫苦连天。从钧6个月开始，我就引导他将整个房间当作自己的游戏间，虽然我每天都当“跪妇”，跪在地上擦地板；在一开始钧还不太会爬时，我将玩具放在钧的身边，而且尽量选会滚动的玩具让钧追，所以钧在短短一个月内就能够从匍匐前进到四肢着地爬，并开始学会坐稳，这时候开始不要害怕孩子跌倒，孩子必须在不断的尝试中长大。

6. 养成专注力

⊙孩子玩玩具时，千万别打断他，如遇到要洗澡、吃饭时，提前告知。

⊙每天在饭后陪孩子看书，翻给他看或随便让孩子乱翻。故事书不一定要从头念完，陪孩子乱念就好。

⊙不必给孩子太多玩具，只要孩子感兴趣的就好，可以一段时间就收起一部分玩具，把另外一部分拿出来，就算是保特瓶也是好玩具。一岁以前的孩子不需要专门的玩具，家里的锅碗瓢盆都是很好的。

教养上的常见问题

什么时候能帮宝宝戒吸手指、奶嘴或人体奶嘴呢?

口欲期约1岁半~2岁结束，约6个月开始可以带入安抚物（比如小被子、娃娃等，尽可能选可以替换清洗的），有些孩子就会改成抱安抚物入睡。满足口欲和心理需求非常重要，不必太早戒掉吸奶嘴或手指，应满足宝宝的口欲期自由，等到1岁半~2岁再戒较恰当。可用防咬指甲油涂在指甲上，让宝宝戒掉吸手指习惯。白天多让小孩学爬、探索，让他没空吸手指。

第七章

不论“百岁”或“亲密”，都不能盲从

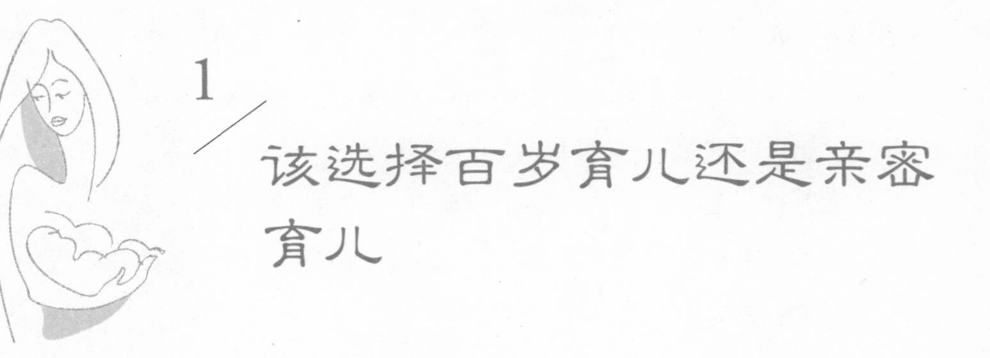

1 该选择百岁育儿还是亲密育儿

很多妈妈都是靠书和网络带孩子，而带孩子的方法也越来越多，目前较为人所知的就是“百岁育儿”和“亲密育儿”两大方法。

我在怀孕时就接触到百岁育儿，当时看完薄薄一本书就充满信心，误以为带孩子就是这么简单，孰知生下钧后，遇到非常多的困难和问号，在带钧的过程中逐渐摸索到更多属于自己的独特育儿方法。很多妈妈将规律作息、自行入睡、戒夜奶归为百岁育儿，也常误解亲密育儿，认为亲密育儿就是小孩随便吃、随便睡、哭就赶快抱，甚至有妈妈连相关书籍都没看过就擅自将带孩子的方法归纳给其中一方，其实每种育儿方法都有相同和不同的地方，所有的育儿方法也都有其优点与缺点，没有一种育儿法是完美的，要由妈妈来选择适合自己的方法（或撷取适合自己的），不能盲从。

所谓百岁育儿——优点与陷阱

这个名词是台湾地区妈妈论坛所延伸出来的育儿方法，名词源自于美国丹玛医师（Dr. Denmark），在台湾地区经过很多妈妈改良及修正，网络上无

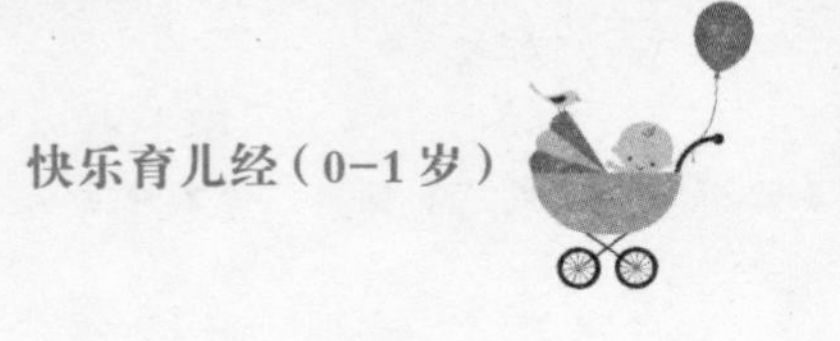

数的博客上都能搜到。

百岁主要精神在于宝宝应学习自己睡觉，妈妈主动帮助宝宝睡过夜；副食品部分则主张要给宝宝吃好消化的食物泥直到臼齿长出来。

然而规律作息、自行入睡、戒夜奶并不是百岁医师所独创的，本来就有许多育儿专家和医师说过；但在台湾地区，所有谈论到与此相关内容的书籍都归给百岁育儿。

一、百岁育儿的优点

在宝宝出生后 1 个月就定下规律作息，以最快速度养成饥饿循环，以及与家人一致的日夜生活，让母亲能预测宝宝的状态，如果宝宝生病或发生事情，母亲都能很快察觉到。

宝宝也能以最快速度学习到浅眠时安抚自己再度入睡的方法，故百岁宝宝几乎在 3 个月后都能拥有稳定的连续睡眠（10~12 小时）。宝宝 1 岁以前母亲依旧能照顾全家和拥有私人时间：宝宝白天小睡时，妈妈可以做家务；宝宝清醒时可以陪他玩；宝宝晚上睡觉时，可以跟先生有亲密时间，不必担心小孩会醒来哭。

百岁育儿即将自己与宝宝的生活规律化，能将宝宝、家庭、先生都照顾到，不至于一团混乱，维持“个人与家庭的平衡”。

二、百岁育儿的陷阱

很多妈妈常闭门造车，以自己认为对的方式带宝宝，出了问题常不知道，以下就是妈妈不知不觉中所犯的问题：

1. 饮食

百岁提倡宝宝吃食物泥吃到牙齿全长齐（约 2 岁），食物泥的优点是可以让宝宝摄取充足的营养且好吞咽好消化。也因为好吞咽好消化，宝宝食量会渐渐增大，只是当食量到达极限，胃容量又不可能无上限增加，食物泥却无法提供更多的饱足感，致使这餐吃完很快又肚子饿；另外，百岁食物的比例为 3（蔬菜）: 3（淀粉）: 3（蛋白质）: 2（水果）加一根香蕉，用这个比例做食物泥会造成宝宝体重增加缓慢，且每餐必大便，当宝宝每餐只有四分之一的淀粉和四分之一的蛋白质时，除了健康外，不会变胖或壮，而这样将孩子养得很瘦又会受到长辈责难。

2. 忽略宝宝哭声传达的信息

很多百岁妈妈都有这种经验，让宝宝哭完后才进到房间，却发现小孩在呕吐物后睡着，或是大便在尿布里，让妈妈不知所措；也有很多妈妈马上回应宝宝的哭声，造成宝宝凡事都用哭来要求，让妈妈疲于奔命。该怎么在两者之间拿捏，变成一门很大的功课。

3. 太紧张宝宝的睡眠

很多妈妈常常问我小孩又提前醒，没睡到第一餐的时间，或者夜里起来玩不睡觉，该怎么办。这些百岁妈妈常常被美好的幻境所迷惑，觉得只要好好遵守“规则”，宝宝就会一帆风顺、半夜不起床、每天睡到第一餐。如果小孩没有按照妈妈的意愿走就会很紧张，妈妈像无头苍蝇一直到处问别人。

4. 疏忽宝宝

很多百岁妈妈因为宝宝变得太好带，宝宝会自行入睡不需哄也不必黏在

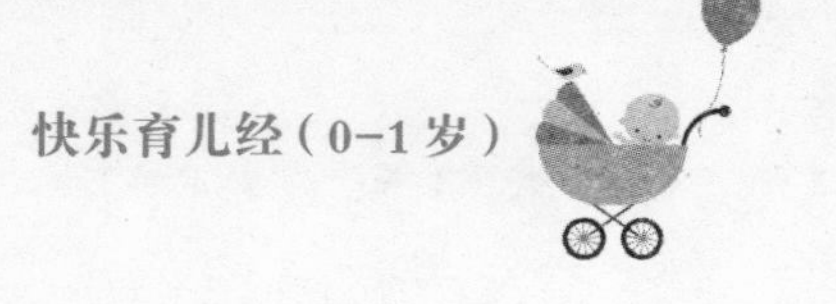

自己身上，就不自觉地沉迷在网络中，白天让宝宝独玩，自己则不停地上网跟别人聊天，我身边这样的人大有存在。

5. 睡姿的困难

很多妈妈在一开始执行百岁育儿时就以失败收场，原因在“睡姿”。宝宝在妈妈肚中时是趴着的，所以出生后趴睡最能让宝宝安稳，然而趴睡造成的婴儿猝死症又令新手妈妈害怕，但仰睡宝宝又会因为惊吓反射动不动就吓醒大哭，这时候如果不改变作息或改善方法，就会以失败收场。

要怎么避免这些百岁的陷阱，可参考本书相关篇章。

所谓亲密育儿——优点与陷阱

如果说百岁是妈妈主导，再按宝宝的情况去修正作息，亲密就是宝宝主导，妈妈依家庭状况调整作息。亲密需要妈妈有更大的耐心去引导宝宝成长，陪伴着宝宝，无论对第几个孩子都必须付出同样的耐心，也必须确保自己不会被宝宝错误的行为牵着鼻子走，如果确定能做到这些，亲密育儿就非常适合你。我常说：“让宝宝哭不表示不爱他，不让宝宝哭也不是溺爱他。”重点在于你怎么替孩子培养好的生活习惯。

一、亲密育儿的优点

此派源自于《亲密育儿百科》，作者是西尔斯医师夫妇（William Sears），他们在台湾地区得到母乳协会、医院护理师等的推崇，是较多人接受的育儿法。

亲密育儿主要精神在于用亲密、符合宝宝本性的方式照顾孩子，将夜间哺乳视为正常现象，用和缓手法帮助宝宝区分日夜后，等宝宝生理成熟自己睡过夜。

在有家人可以帮助你一起照顾宝宝的情况下，你能按照宝宝饿的需求无限制喂奶，适时回应宝宝的需求，有弹性地制订作息，全心全意地照顾宝宝，从另一个层面来说，这种照顾孩子的方式更符合人性，也更符合社会对妈妈的期待。

二、亲密育儿的陷阱

跟百岁一样，很多妈妈在没时间研究的状况下，或问了他人也没得到正确答案，闭门造车，用自以为是亲密育儿的方式照顾小孩，最后误解该方法，痛苦地养育小孩，将育儿生活视为地狱。

1. 误将亲密育儿当成传统育儿

亲密育儿并不是不让宝宝睡过夜，也不是没有规律作息。台湾地区传统观念将夜奶视为理所当然，一哭就喂，一哭就抱，不可以让小孩哭，对小孩哄睡奶睡，这样的带孩子方法并非亲密育儿。你一定有这种经验：当公婆听到宝宝哭时，就会说“赶快喂奶，他饿了”，或是“你没有母乳了（或母乳没营养），赶快泡奶粉给他喝”，但是身为妈妈都很清楚，宝宝哭不等于肚子饿，我称这种乱七八糟的育儿方法为：传统育儿。传统育儿不能跟亲密育儿画等号。

2. 亲密育儿不适合陷入产后忧郁或性急的妈妈

照顾新生儿是件劳累的工作，因为新生儿胃容量很小，喂完奶后很短的时间又会再度讨奶，致使妈妈必须不断喂奶，最后让新手妈妈分不清楚新生

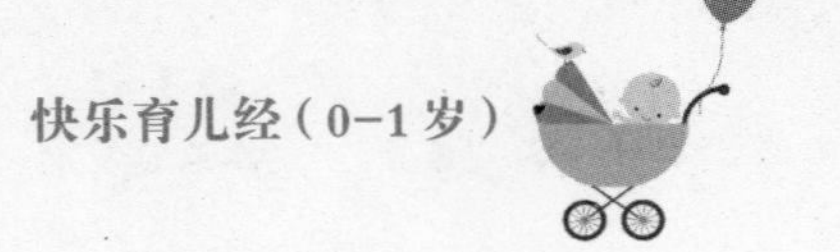

儿的哭是要奶还是因为其他原因（身体不舒服、尿布湿）。有些妈妈可以喂完奶、跟孩子玩一下就陪孩子睡，睡眠与婴儿同步，但是也有很多妈妈的睡眠质量极差，白天无法入眠，晚上睡觉断断续续（连续睡眠才能让人恢复体力），在无家人援助的情况下，用亲密育儿法更会让人陷入产后忧郁的深渊，所以当你已经因为累到没有母乳、睡眠质量很差加上陷入产后忧郁时，就不要再使用亲密育儿。

3. 容易被小孩牵着鼻子走

亲密育儿跟百岁育儿一样，都是需要“尽量保持个人与家庭的平衡”、“适时回应宝宝的需求”，对于哭，有的时候也会采取冷处理（这也是对于宝宝需求的一种回应），如果你能了解自己对孩子的期许，认真面对宝宝的反应，引导宝宝培养好习惯，同样也能带好孩子。我常常遇到误以为自己是用亲密育儿，其实是被小孩牵着鼻子走的妈妈，例如：宝宝日夜颠倒了，妈妈应该让宝宝白天睡在光亮和有声音的环境，晚上睡在安静的环境，帮助他区分日夜，但她们却白天宝宝要睡就陪他睡，晚上要玩就陪他玩，陪他习惯日夜颠倒的生活。这样过度顺应孩子，长期下来对妈妈的身体也会造成伤害。

钧妈碎碎念

平心而论，用亲密的确比用百岁容易被孩子牵着鼻子走。以睡眠连接为例，亲密育儿法教妈妈让宝宝吸奶吸到困了就把乳房或奶嘴移开，重复再重复后让宝宝习惯不靠吸吮入睡（跟学习自行入睡是一样的意思），只是真正实行上困难很大，多数的新手妈妈最后都会在宝宝哭时又塞进去乳房或奶嘴，重复拔起来几次后，在妈妈已经很疲惫和希望让宝宝赶快睡着的状况下，最后还是妥协，让宝宝养成奶睡或吸奶嘴入睡的习惯。

4. 容易变得过度在乎宝宝的哭声

没有一个孩子不会哭，尤其是新生儿时期，必须清楚宝宝的哭是肚子饿、尿布湿、身体不舒服，或只是无聊而哭（适时回应宝宝的需求）。但是使用亲密育儿的妈妈比起已经习惯哭声的百岁育儿的妈妈，更容易对婴儿的哭声立即反应，也很容易成宝宝一哭就不管三七二十一，抱起来喂奶再说。比如亲喂母乳的宝宝会因为月龄增加，吸吮的时间渐渐变短，喝奶的时间渐渐加长，但是很多妈妈因为习惯宝宝一哭就喂奶，到了4~5个月，依然两小时喂一次奶，宝宝也已经被养成用吃零食的态度喝奶，不愿意一次喝饱。这不是亲密育儿的精神，只不过是妈妈个人对哭声过度在乎，无法对哭声适时判断。

5. 实行到半途就反悔采用亲密育儿

前面说过，用亲密育儿法要有更大的耐心和恒心，比如宝宝在4个月前习惯吸吮乳房入睡，4~6个月后妈妈失去耐心，也不想用和缓方法改变（或有但失败了），最后决定让宝宝哭到放弃吸吮。孩子最大的安全感来自于母亲一致的态度，突然改变态度对婴儿来说容易引起信任感的丧失。选择育儿法时，请一定要评估你的个性适不适合使用。

6. 亲密不是不照顾母亲的需求

很多人误会亲密育儿就是不顾及母亲的需求，这是错的，无论是百岁或亲密，同样都重视家人与家庭的平衡，你选择怎么带孩子，必须符合你的个性，有的妈妈很有耐心，希望将宝宝哭的机会降到最低，那么她就很适合亲密育儿法。有的妈妈希望睡觉时各自都睡得很好（睡眠不互相干扰），白天活动时间母子再一起玩耍，那么她就很适合百岁育儿法。

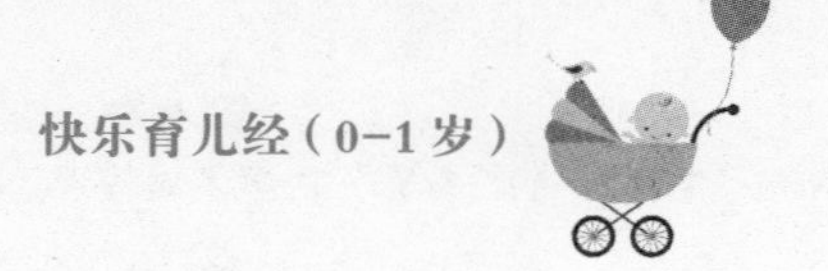

找出更适合你的育儿法

曾经有个爸爸跟我抱怨，说他太太在家全职照顾小孩，还陪小孩一起午睡，怎么连家事都不做，整个家乱糟糟。也曾经有妈妈跟我讨论作息，我帮她安排 6 点给宝宝喝奶，结果这位妈妈跟我强调 6 点一定要煮饭给先生吃，我很讶异问她：你的宝宝不是才满一个半月，不能先请先生带便当回来吗？这位妈妈表示先生一定要吃家里，不愿意吃外面。

以上两个案例可以了解，很多人都以为家庭主妇很闲，其实不然，家庭主妇的工作很繁杂，忙碌不堪，也很枯燥乏味，整天面对小孩，心理压力很沉重，加上小孩好奇心会越来越强，要小心盯着，像钧就曾经在我上厕所的瞬间就把洗发精倒得满地都是，也曾经在我一不留意，就把一只蟑螂抓起来含在嘴里。

如何当一个照顾好孩子的妈妈？该如何在疲于奔命地照顾小孩和让小孩无止境地哭两者取得平衡？你需要同时照顾家人、宝宝与自己的需求，比起硬是在百岁或亲密两派二选一来解决以上问题，不如从中找出适合你、属于你的育儿法。

至于要怎么从百岁和亲密或更多的育儿方法中，找出更棒、更好、更适合你的育儿法，本书都有完整和详细的说明。

2 养出白白胖胖的孩子

副食品和奶的比例怎么拿捏

知子莫若母，身为母亲必须适当地观察孩子，不要去跟别人比吃得多还是吃得少；有些孩子就算一餐只吃 200 多毫升的食物泥也一样可以晚上稳睡 10~12 小时，像钧必须吃到 500 毫升才有办法维持身体所需（因为他活动力大）。观察的重点在于孩子是否每餐都是吃到不想吃为止。

这里要探讨副食品和奶的比例，建议母亲要随着月龄提高副食品的比例，并减少奶的比例（亲喂除外），适时延长喂食的时间。

【案例1】5个月大

8:00	起床
8:00	90毫升米糊（汤匙喂）+180毫升奶
12:00	90毫升米糊+120毫升奶

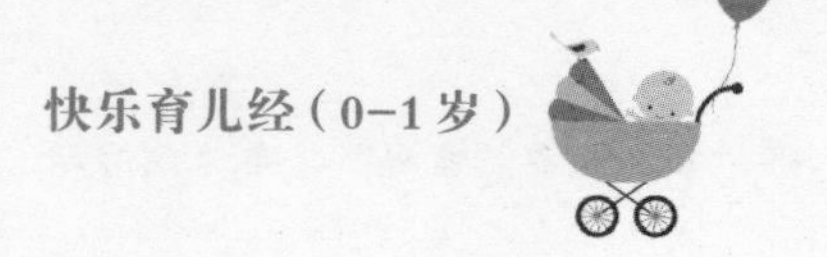

16:00	180毫升奶
19:30	90毫升米糊＋180毫升奶
21:00以前	睡觉

有些孩子喝奶作息就可以稳定到6个月，有些孩子却很早就不能满足所需，必须以副食品补充热量，每个孩子都是独一无二的，不是一样的。上面这个案例依旧是以奶为主，副食品为辅的喂法，假设去掉太冷、太热、太吵或环境变异、生病等原因，却依旧越来越早起或半夜夜奶肚子饿，就需要改成增加米糊量并减少奶量或两边一样多，也可以改成最后一餐只喂米糊或只喂一点奶。

【案例二】10个月大

10:00	起床
10:00	180毫升奶
15:30	副食品250毫升＋180毫升奶
21:00	副食品300毫升＋120毫升奶
22:00	准时上床睡觉

这是很多会偷懒的妈妈的范例。早晨起床累得要命，却还要比小孩早起准备早餐，往往就有很多妈妈选择直接喂奶，但正值成长冲刺期的孩子一天只吃两餐半固体食物，成长自然就会比一天三餐副食品的孩子要逊色很多，这跟很多大人不愿意好好吃早餐、只喝饮料是一样的道理。

【案例三】7个月大

8:00	起床
8:00	180毫升奶
12:00	米糊一碗
16:00	180毫升奶
20:00	米糊一碗
24:00	睡前奶＋睡觉

这个案例比 2 小时喂一次奶、2 小时喂一次副食品更糟，一来是妈妈无法了解孩子到底吃多少（要习惯量一下宝宝吃了多少），二来副食品和奶的饥饿速度不同，一碗米糊很多孩子可以撑到五六个小时才会饿，造成后面几餐都在不太饿的情况下又要进食，容易让孩子吃得少又厌食。睡前只喝奶，吃副食品时间又离睡前太远，所以孩子能睡过夜（8 小时）就已经很不容易，更不用谈连睡 10 小时以上。建议副食品和睡前奶的距离可以保持在 1~2 小时之间。

奶嘴、乳房、手指，要吸哪个

孩子进入口腔期后，该让宝宝吸手、吸乳房，还是吸奶嘴？每个妈妈都有选择的原因，以下仅是我个人的观察。

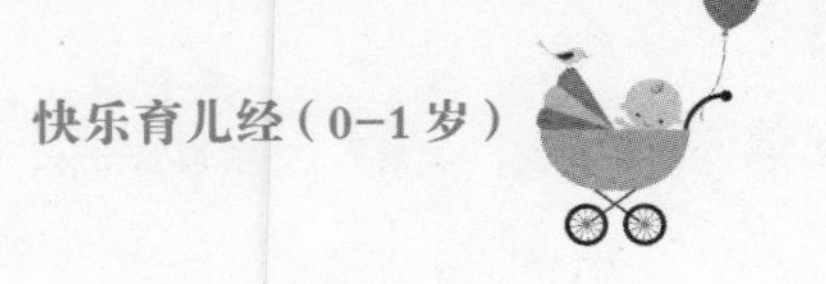

吸奶嘴

传统的育儿都是让孩子吸奶嘴，新手妈妈多会觉得很难塞奶嘴让孩子吸，其实前 3 个月都是要硬塞到小孩习惯为止。吸奶嘴的优点是卫生、容易消毒，缺点则是容易让孩子过度依赖而错过学习自行入睡的契机：若宝宝常吸着奶嘴入睡，奶嘴掉后浅眠清醒就会大哭讨奶嘴，母亲就要不断地捡奶嘴，孩子的睡眠也会中断。

不建议新手妈妈让孩子吸奶嘴的原因就在于此，常常要折腾很久婴儿却还是无法入睡，母亲必须撑过 3 个月，婴儿的睡眠变成先深眠再浅眠，才会吸奶嘴吸到熟睡吐掉后继续睡，多数的宝宝这时已经过度依赖奶嘴。如果希望孩子学会自行入睡，那么宝宝入睡吸奶嘴吸到想睡时就拿起来，浅眠清醒时也一样，如果宝宝因为你拿掉奶嘴而哭，就塞回去让他再吸一下，重复这个动作，但绝不让宝宝吸着睡着。

七八个月后，把奶嘴丢在床边让孩子半夜浅眠时自己拿自己吸，让奶嘴变成睡前仪式的最后一个步骤（只有晚上要入睡时才吸），此时才会比较轻松。如果正确使用奶嘴，孩子 3 个月后入睡时给奶嘴，半夜让孩子浅眠时安抚自己入睡（不给太多次奶嘴或吸着睡着），孩子能顺利地在四五个月，最晚 6 个月时半夜不需要奶嘴且能再度安抚自己入睡，但毕竟能做到的还是少数。

吸乳房

俗称“人肉奶嘴”，也是亲喂妈妈最容易选择的方式。优点是很容易安抚小孩，但有以下缺点（先声明我是把乳房单纯当喂食工具的妈妈，所以会指出以下缺点）：

1. 不是每个妈妈都能把自己和孩子的睡眠调整成同步

很多母亲自己的睡眠就已是浅眠，还被孩子吸奶，母亲会疲惫不堪。

2. 与孩子同睡一张床，孩子不易戒夜奶

亲喂母乳的妈妈常常把小孩放在身边睡，我曾经听过一位亲喂妈妈的比喻：有哪个人看到床边摆着一碗泡好的泡面不去吃？比喻很诙谐，却也非常正确，约有百分之九十九的孩子在吃副食品后一定会睡过夜。如果白天能够正常吃副食品，夜晚起床哭的原因往往就不是肚子饿，只是浅眠清醒需要吸乳房再度入睡，就算母亲想帮孩子戒掉夜奶，孩子也会“自动”掀开衣服找乳头，所以想换人陪孩子睡很难，宝宝只想要妈妈，故想戒夜奶需要母亲的坚持和作息调整。

3. 不易让孩子学到自行入睡

理由同上，奶嘴都在旁边，很难轻易改变入睡习惯，往往必须要母亲坚持才有办法在拉锯战中结束这样的状况。

若妈妈睡眠品质很好，觉得让宝宝吸乳房直到口欲期结束是亲密的行为，这样的想法非常值得鼓励和尊重，不过也有很多亲喂母乳的妈妈还是选择让宝宝吸手指。

吸手指

选择让孩子吸手指的妈妈算少数，一来是仰睡孩子在新生儿时期因肢体发展很难吸到自己的手指，二来吸手指要比吸奶嘴更需注重卫生。

优点：孩子可以很轻易地安抚自己入睡，新生儿也因为肢体发展有限，

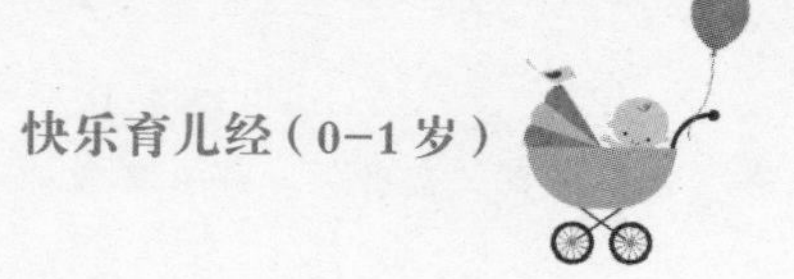

不一定每次都要吸到手指才入睡，自然练习自行入睡的机会就会比吸奶嘴和乳房还要多，在养育孩子的过程中也可以让家庭和谐，母亲也不需要过度干预孩子的睡眠。新手妈妈应该让宝宝自己摸索、练习肢体动作，会发现宝宝肢体发展能力往往出乎意料地快，比如我看过一整天被老人家抱在怀里的六七个月孩子完全不会翻身，钧却 3 个月就翻身自如，1 岁 5 个月就会自己上下楼梯。

缺点：仰睡孩子在新生儿时期容易有吸不到的问题，也容易把细菌吃进嘴里。不过只要注重卫生，就不会有这样的问题。

吸奶嘴、吸乳房、吸手指，如何戒

吸奶嘴、吸乳房、吸手指入睡和口腔期息息相关。前面说过，自行入睡能力成熟是在 6 个月时，6 个月前宝宝会在吸吮入睡、疲惫入睡两者间不断交错学习。钧在 6 个月前作息控制得当，约 6 个月就不再吸手指入睡，白天则大约 1 岁 3 个月后便不再吸。多数宝宝是先白天不吸后（1 岁半 ~2 岁）才会戒掉晚上入睡的吸吮，通常只要满足了口腔期的需求（1 岁半 ~2 岁），想戒掉晚上的就会很快。

想戒掉吸奶嘴、吸乳房、吸手指习惯，关键在于宝宝会爬以后（约 6~7 个月）：

1）有无放手让孩子到处去探索练习。

2）有无和孩子建立起安全感。

3）不拿吸奶嘴、吸乳房、吸手指当成安抚孩子情绪的工具。

只要做到以上 3 点，孩子安全感满足后，时间到了（约 1 岁 ~1 岁半以后）不管是妈妈辅助或自己戒掉，都轻而易举。

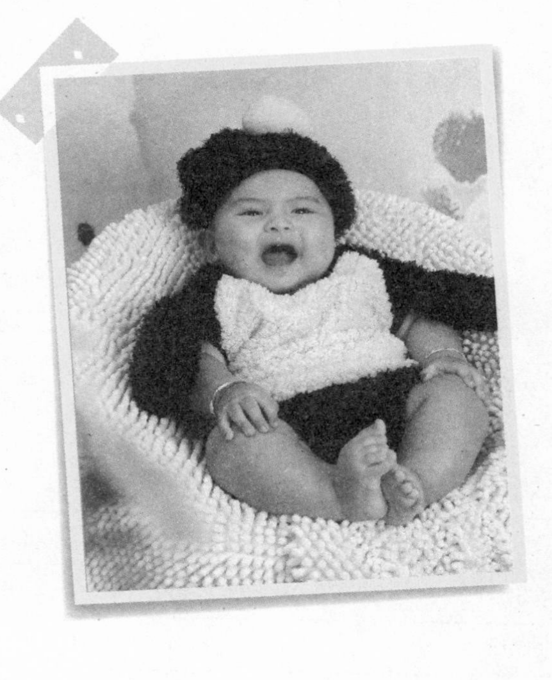

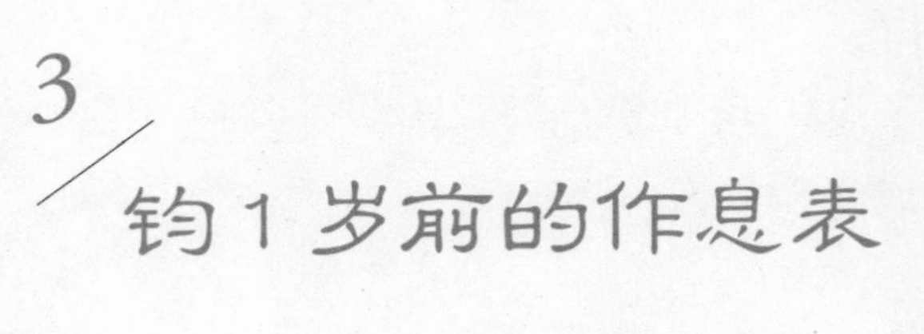

这是钧 1 岁前的所有作息表，现在仔细回想，对于钧的睡眠时间排得有点太严苛，所以还请参考就好。

0~4个月的喂奶时间

刚出生	14:00、18:00、22:00、2:00、6:00、10:00
6周戒夜奶	14:00、18:00、22:00、1:30、~~6:00~~、10:00
3个月延长睡眠	10:00、14:00、18:00、21:30、~~2:00~~、~~6:00~~
钧3个月时将所有作息提前	10:00、14:00、18:00、22:00

4~5个月

10:00	第一餐
12:00~14:00	第一段小睡
14:00	第二餐
16:00~18:00	第二段小睡

18:00	第三餐
20:00~20:30	第三段小睡
20:30	洗澡
21:30	睡前奶
22:00	上床睡觉

6个月

10:00	起床	起床150毫升米精＋150毫升奶
12:00~13:30	第一段小睡	
14:00	第二餐	140毫升米精＋150毫升奶
16:00~18:00	第二段小睡	
18:30	第三餐	240毫升奶
不睡或打瞌睡＋洗澡		
21:00	睡前最后一餐	250毫升米精＋90毫升奶
22:00	准时上床睡觉	

7个月零20天——改三餐

10:00	第一餐	250毫升食物泥＋180毫升奶
12:30~13:30	第一段小睡	
14:30	洗澡（冬天所以改成下午洗澡）	
15:30	第二餐	250毫升食物泥＋180毫升奶
16:00~18:00	第二段小睡	

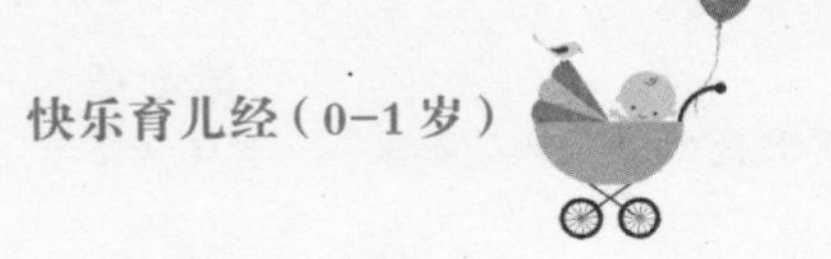

不睡		
21:00	睡前最后一餐	300毫升食物泥＋120毫升奶
22:00	准时上床睡觉	

8个月——早上睡3小时，晚上睡12小时

10:00	第一餐	300毫升食物泥＋120毫升奶
12:30~13:30	第一段小睡	
14:30	洗澡（冬天改成下午洗澡）	
15:30	第二餐	300毫升食物泥＋120毫升奶
16:00~18:00	第二段小睡	
不睡		
21:00	睡前最后一餐	350毫升食物泥＋90毫升奶
22:00	准时上床睡觉	

9个月

10:00	第一餐	400毫升食物泥＋150毫升奶
12:30~13:30	第一段小睡	
14:30	洗澡（冬天改成下午洗澡）	
15:30	第二餐	500毫升食物泥＋120毫升奶
16:00~18:00	第二段小睡	
不睡		

21:00	睡前最后一餐	500毫升食物泥＋150毫升奶
22:00	准时上床睡觉	

10~12个月

10:00	第一餐	400毫升食物泥＋150毫升奶
12:30~13:30	第一段小睡	
14:30	洗澡	
15:30	第二餐	500毫升食物泥＋120毫升奶
16:00~18:00	第二段小睡	
不睡		
21:00	睡前最后一餐	500毫升食物泥＋150毫升奶
22:00	准时上床睡觉